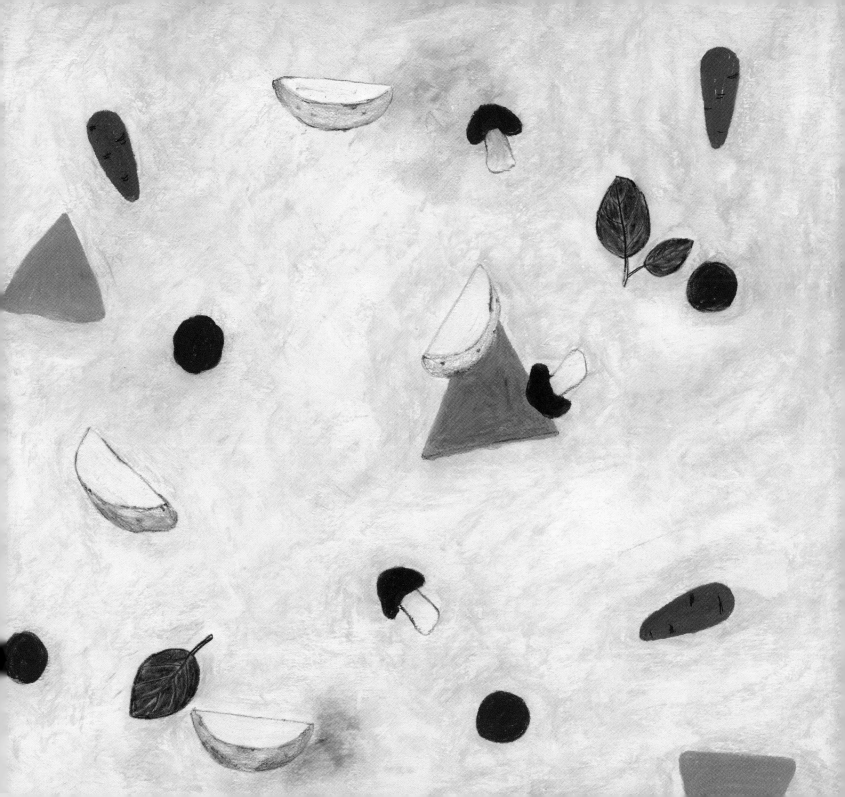

图书在版编目（CIP）数据

世界上最好吃的比萨 /（韩）丁海王著 ;（韩）韩胜
任绘 ; 许美琳译. -- 北京 : 中信出版社, 2021.4
（熊津金牌数学童话. 5-7岁）
ISBN 978-7-5217-2974-0

Ⅰ. ①世… Ⅱ. ①丁… ②韩… ③许… Ⅲ. ①数学 –
儿童读物 Ⅳ. ①O1-49

中国版本图书馆CIP数据核字（2021）第050446号

世界上最好吃的比萨
（熊津金牌数学童话：5～7岁）

著　　者：[韩] 丁海王
绘　　者：[韩] 韩胜任
译　　者：许美琳
出版发行：中信出版集团股份有限公司
　　　　　（北京市朝阳区惠新东街甲4号富盛大厦2座　邮编　100029）
承　印　者：当纳利（广东）印务有限公司

开　　本：880mm×1230mm　1/20　　印　张：24　　字　数：300千字
版　　次：2021年4月第1版　　　　　印　次：2021年4月第1次印刷
京权图字：01-2021-0983
书　　号：ISBN 978-7-5217-2974-0
定　　价：258.00元（全10册）

出　　品：中信儿童书店
图书策划：如果童书
策划编辑：蔡磊
责任编辑：房阳
营销编辑：邝青青　张远
封面设计：李然
内文排版：北京沐雨轩文化传媒有限公司

版权所有·侵权必究
如有印刷、装订问题，本公司负责调换。
服务热线：400-600-8099
投稿邮箱：author@citicpub.com

熊津金牌数学童话：5~7岁

世界上最好吃的比萨

［韩］丁海王 著　　［韩］韩胜任 绘　　许美琳 译

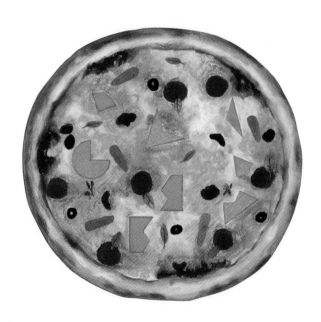

中信出版集团｜北京

古古一个人生活。

他太腼腆了，一个朋友也没有。

有一天，古古看着报纸，突然瞪大了眼睛。

"要举办比萨大赛？"
擅长做比萨的古古非常想参加比赛，
但是他很快又开始闷闷不乐了，
因为报纸上说，必须和家人一起才能参赛。

古古尝试做了各式各样的比萨，
每一种都非常好吃。
"要是能和朋友一起吃就好了。"
想到这儿，古古更想参加比萨大赛了。

4

平均分成2块

平均分成3块

平均分成4块

问一问孩子："这些圆形的比萨分别被平均分成了几块？"

6

终于到了大赛的这一天。
"没准儿一个人也能参赛呢。"
古古准备好各种食材，来到比赛现场，
发现已经有很多家庭到场了。
这时，主持人鸭子大声说：
"比萨大赛现在开始！"

说一说每个家庭的成员数量，接着在纸上画一个圆形，问问孩子："要把比萨平均分给狮子一家，该怎么分呢？"让孩子用画线的方式试着分一分。

7

一声令下，每个家庭都开始忙着做比萨。
可是河马一家刚开动就吵了起来。
"食材让我来切吧，我的刀工一流。"
河马叔叔站了出来。
"说什么呢，食材当然得我来切。"
河马阿姨抢先拿起菜刀，
胡乱切了起来。

"哎呀，这样乱切怎么行呢！
切出来的东西形状和大小得一样，好好看看我是怎么切的。"
河马叔叔看不下去了，抢过菜刀，把食材切成形状和大小一样的小块。
"哎呀，你的刀工确实比我的厉害多了。"
河马阿姨说。

比较一下，河马夫妇是怎样切青椒、土豆、奶酪和红薯的。问问孩子："谁把形状和大小都切成一样的了？"

河马阿姨不擅长切菜，
但是她把面团揉成了漂亮的形状，
然后在上面放了各种各样的食材，
再撒上满满的奶酪。
河马叔叔把饼胚放进火炉，烤得刚刚好。
一张漂亮的心形比萨出炉了。

2块中的1块

让孩子观察桌上的香肠，学习如何用不同的方式把东西平均分成2份。

河马阿姨美滋滋地向观众们炫耀道：
"这张比萨里都是我们夫妻俩的爱。"
河马叔叔把比萨切成大小相同的2块，说：
"我们俩要好好地平分着吃。"
看到这一切，古古喃喃自语道：
"真是一对恩爱夫妻啊，羡慕，太羡慕了！"

狐狸一家也在认真地做着比萨。
狐狸兄弟正准备揉面团。
"哥哥,做个什么样的呢?"
"做个帅气的汽车形比萨吧。"

可是，把面团捏成汽车的形状太难了，
因为面团总是会变形。
狐狸哥哥叹了口气，说：
"算了，就做方形的吧，
再用水果好好地装饰一下。"

过了一会儿，一张漂亮的水果比萨做好了。

"我们是一家四口，该切成4块吧？"

狐狸爸爸刚要切，狐狸哥哥拦住了他。

"爸爸，那样切的话，草莓会被切坏的。"

狐狸妈妈想了另一种方法，但还是会切到草莓。

4块中的1块

狐狸爸爸和狐狸妈妈的方法能将方形的比萨分成大小一样的4块，但是这样切，草莓要么不能平均地分成4份，要么会被切坏。

"怎样切才好呢？"
狐狸兄弟凑在一起小声嘀咕了一会儿，
然后自告奋勇，说他们想试一试。
瞧，兄弟俩真的把比萨完美地平均切成了4块。
看到这一切，古古喃喃自语道：
"真是聪明的孩子啊，羡慕，太羡慕了！"

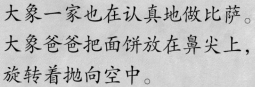

大象一家也在认真地做比萨。
大象爸爸把面饼放在鼻尖上，
旋转着抛向空中。
"呀，太酷了！"
"这手艺真了不起！"
大家的赞叹声让大象爸爸有些飘飘然，
他把面饼抛得更高了。

哎呀，这可怎么办？
就在大象爸爸准备用鼻子接住面饼的一瞬间，
面饼从他的鼻尖滑落，一下掉在了地上。
"亲爱的，表演绝活是好事，
不过你要什么时候才做比萨啊。"
大象妈妈抱怨着，重新和好了面团。

过了一会儿，香喷喷的蘑菇比萨出炉了。
"妈妈，我来切吧。"
小象拿起比萨刀切起了比萨。

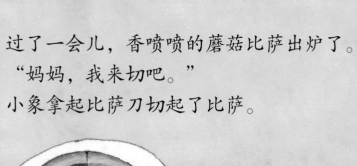

3块中的1块

大象一家想平分比萨，必须切成3块。但是小象切成了2块。想一想，怎样切才能平分。

可是，他稀里糊涂地把比萨切成了2块。
"我们是一家三口，应该切成3块啊。"
听爸爸这么一说，小象顿时垂头丧气。

"没关系，孩子。"
大象妈妈拍了拍小象，
又切了几刀，把比萨平均切成了6块。

6块中的1块

大象妈妈把比萨切成了6块，问一问孩子："平均分的话，每头大象能吃到几块？"

"我们是一家三口，
所以每人能吃到2块吧？"
"没错！"
小象很快就重新打起了精神。
看到这一切，古古喃喃自语道：
"真是位有智慧的妈妈啊，
羡慕，太羡慕了！"

其他家庭也都认真地做着比萨。
大家齐心协力，其乐融融。

老鼠一家揉出的面团又小又可爱。

鳄鱼一家揉出的面团像他们的身体一样，粗粗长长的。

狮子一家的面团揉得又大又圆。

猩猩一家每人抓住一头，
把面团抻得长长的。

问一问："这些家庭分别要做什么样的比萨？" "这些家庭的比萨分别需要切成几块？"

23

大家做的比萨看起来都很好吃。

每个家庭都说自己家的比萨才是最棒的。

看到这一切，古古喃喃自语道：

"羡慕，太羡慕了！我也好想做比萨啊……"

问一问："动物们把比萨分别切成了几块？"

古古犹豫了很久，
终于鼓起勇气，走到主持人鸭子面前。
"我也会做好吃的比萨。
可是没有家人，一个人做比萨可以吗？"
参赛的家庭纷纷声援道：
"一个人又怎么了，
让他也来做比萨吧！"

主持人同意了，于是，古古也开始做比萨了。
站在一旁的动物们一个个地来到古古身边，
对他说："我也是自己来的，
所以一直在旁边看着。
我能和你一起做比萨吗？"

古古听了，觉得干劲儿更足了。
其他参赛家庭也都来帮助他。
"这是我们剩下的食材，给你用吧。"
古古和动物们一起揉了一个巨大的面团，
上面摆满了各种各样美味的食材。

拿出家里的苹果、土豆、西红柿、火腿等食物，让孩子观察你是怎么把它们切成2块、3块、4块的。

古古做的比萨好大好大。
"大家一起来吃比萨吧!"
动物们举办了一场比萨派对,
和大家一起分享的感觉真好啊!

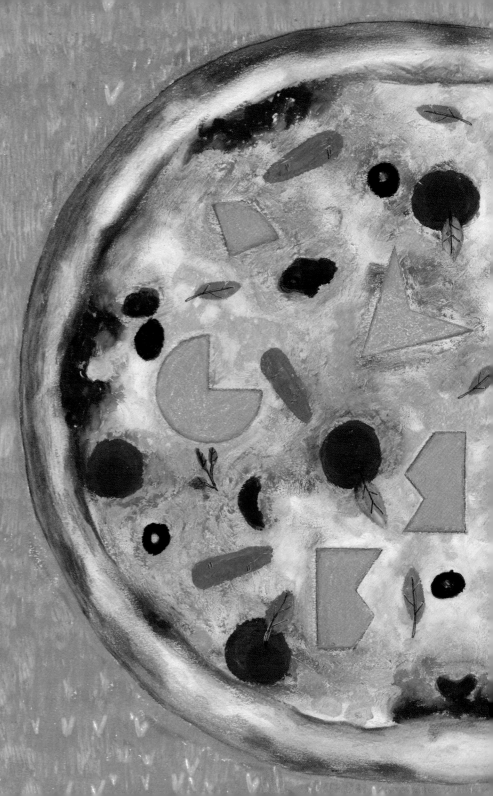

	2块中的1块
	3块中的1块
	3块中的1块
	4块中的1块

找一找，如果想把比萨上的火腿拼成圆形、三角形和方形，分别该把哪两块拼在一起？

31

"啊，真好吃！"
"这是我吃过的最好吃的比萨！"
大家你一言我一语地赞叹着。
这时，主持人鸭子大声问：
"这次比萨大赛让猩猩
古古当第一名，大家觉得怎么样？"
"好呀，好呀！"
大家齐声回答。

这时，猩猩小姐红着脸来到古古身边：
"那个……我还是第一次吃到这么好吃的比萨呢。"
古古非常喜欢猩猩小姐。
从此，古古不再是孤零零的了，
他有一群心地善良的朋友，还有了一个可爱的女朋友。

平均分一分

试一试，三角形可以平均分成几块？

我平均分成了2块。

我平均分成了3块。

我平均分成了4块。

来折纸吧

把纸对折，然后展开。　　　　　　把纸对折两次，然后展开。

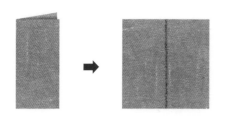 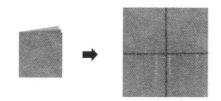 

把纸对折两次，剪掉一部分，然后展开。

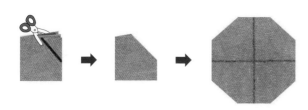 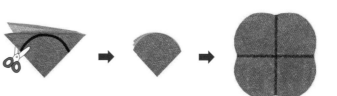

用分数表示

古古和朋友们都把面包切成了4块。

大家分别吃了总数的多少？
试着简单说明一下吧。

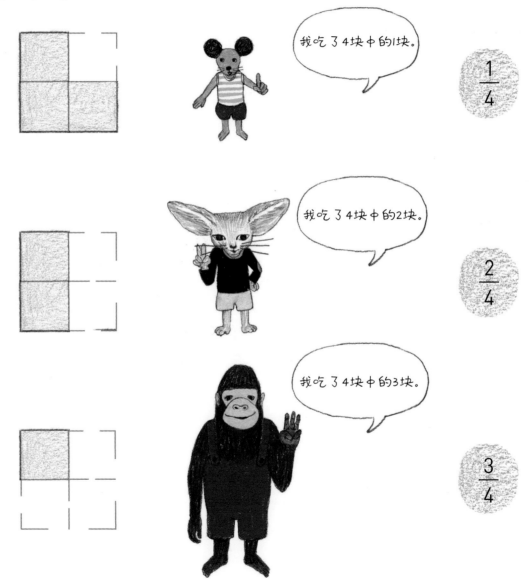

理解什么是等分

　　我们在这本书中学到了"等分"的概念。"等分"或"平均分"的意思是将一个图形分成形状和大小相同的几个部分。

　　为了让孩子理解这一概念，最好同时展示等分和没有等分的例子。比较不同的情况，能够帮助孩子轻松地理解。

　　本书就是利用形状各异的比萨来表现等分的概念。最终目的是要让孩子理解，一个图形可以分成形状和大小完全相同的多个部分；将分出的这些部分重新合在一起，又可以再次拼成完整的图形。

　　将一个图形等分有很多种方法。举个例子，将正方形进行四等分时，可以横着切成4个相同的部分，竖着切成4个相同的部分，切十字进行四等分，也可以沿着对角线进行切割。像这样多试试，就能帮助孩子掌握多种等分的方法。

等孩子充分理解等分的概念后，我们再教他们如何表达"整体中的一部分"。比如这样说："我将一张比萨平均分成6块，吃掉了其中的2块。"这样做的目的，是让孩子自然而然地明白分数的概念。

等分后，在将部分数量与整体数量进行比较时，就要用到分数。整体的数量要写在横线下面（分母），部分的数量写在横线上面（分子）。"将整张比萨分成6块，其中的2块"就可以用"$\frac{2}{6}$"来表示。要让孩子记住，数学中规定用这样的方式来写分数。

将整张比萨分成6块后，拿出其中2块。这样讲述太麻烦，所以大家约定用分数表示。

在幼儿园阶段，让孩子理解分数符号还是有一定难度的，所以只要让孩子在以后接触分数符号时不觉得陌生就足够了。

❀ 数学小游戏

■ 准备彩纸，剪几个圆形、三角形和方形。用横着剪、竖着剪、沿着对角线剪等不同的方法，将它们平均地剪成2块、3块和4块。再让孩子将剪下来的部分叠在一起，确认形状和大小是否相同。

■ 将面粉和成面团，再摊开，利用杯子的杯口做4个直径约为7厘米的圆饼。让孩子拿着筷子，将它们平均分成几部分。之后再将分开的部分叠在一起，看一看能否重合。

图书在版编目（CIP）数据

"数到十就犯糊涂"王国 /（韩）金长成著；（韩）
郭泳权绘；许美琳译. -- 北京：中信出版社，2021.4
（熊津金牌数学童话. 5-7岁）
ISBN 978-7-5217-2974-0

Ⅰ.①数… Ⅱ.①金…②郭…③许… Ⅲ.①数学 –
儿童读物 Ⅳ.①O1-49

中国版本图书馆CIP数据核字（2021）第050460号

"数到十就犯糊涂"王国
（熊津金牌数学童话：5~7岁）

著　　者：[韩]金长成
绘　　者：[韩]郭泳权
译　　者：许美琳
出版发行：中信出版集团股份有限公司
　　　　　（北京市朝阳区惠新东街甲4号富盛大厦2座　邮编　100029）
承 印 者：当纳利（广东）印务有限公司

开　　本：880mm×1230mm 1/20　　印　张：24　　字　数：300千字
版　　次：2021年4月第1版　　　　印　次：2021年4月第1次印刷
京权图字：01-2021-0983
书　　号：ISBN 978-7-5217-2974-0
定　　价：258.00元（全10册）

出　　品：中信儿童书店
图书策划：如果童书
策划编辑：蔡磊
责任编辑：房阳　　　　　　　　　　　　版权所有·侵权必究
营销编辑：邝青青　张远　　　　　　　　如有印刷、装订问题，本公司负责调换。
封面设计：李然　　　　　　　　　　　　服务热线：400-600-8099
内文排版：北京沐雨轩文化传媒有限公司　　投稿邮箱：author@citicpub.com

熊津金牌数学童话：5~7岁

"数到十就犯糊涂"王国

[韩]金长成 著　[韩]郭泳权 绘　许美琳 译

中信出版集团 | 北京

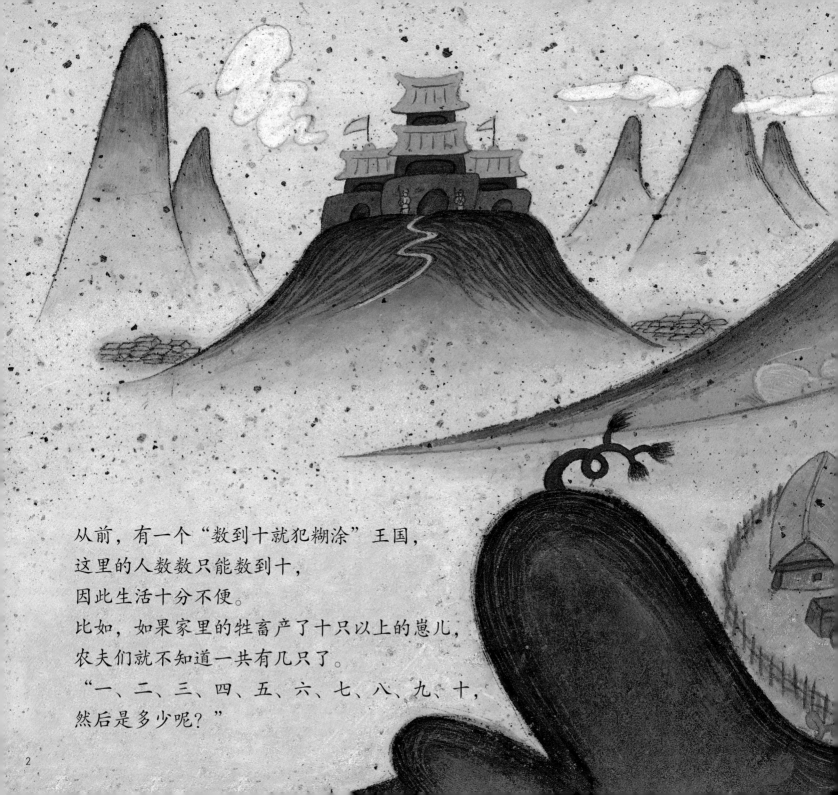

从前，有一个"数到十就犯糊涂"王国，
这里的人数数只能数到十，
因此生活十分不便。
比如，如果家里的牲畜产了十只以上的崽儿，
农夫们就不知道一共有几只了。
"一、二、三、四、五、六、七、八、九、十，
然后是多少呢？"

3

在市场上买东西也要多花很多时间。
"这些苹果一共多少钱？"
买东西的人一问，
卖东西的人就只能回答：
"十个以上，我可数不出来。
反正一个苹果一文钱，
你买几个苹果就给我几文钱吧。"

4

"一个苹果一文钱，多一个苹果加一文钱……"
那里的人们每天都过着这样麻烦的生活。

问问孩子，十以上的数字应该怎么数。如果孩子数得好，就给予表扬："你比'数到十就
犯糊涂'王国的人厉害多啦！"

有一天，国王遇到了一件让他十分头疼的事，
漂亮的公主一个劲儿地向他撒娇：
"爸爸，快告诉我，我一共有几枚戒指。
我太好奇了，好不好嘛！"
原来，公主非常喜欢戒指，收集了很多很多。
"好，好，让我数一数。"
国王数了起来，可是刚数完十，他就开始犯糊涂了。
唉，谁叫他是"数到十就犯糊涂"王国的国王呢。

6

"你知道公主的戒指一共有几枚吗？"指一枚戒指，数一个数，观察孩子有没有漏掉的，如果数不清楚也没关系。

8

国王没办法，只好派人在城内外到处张贴告示：
"谁能数清公主的戒指有几枚，就能得到国王的奖赏。"
很快，宫殿里就聚集了许多来自不同国家的人，
他们都自认为是非常厉害的"数数高手"。

第一个人走进来，说：

"我是'比十多'国的'数得好'。"

"好，你来数一数戒指一共有几枚吧。"

"一，二，三，四，五，六，七，八，九，十，比十多一，比十多二，比十多三……"

国王屏住呼吸，在一旁认真地看着。

"比十多四，比十多五，比十多六，比十多七，
比十多八，比十多九，比十多十，然后，然后……
咳咳，然后就不知道了。"
"数得好"低着头走开了。
国王感到很失望。

让孩子试着把"比十多九"说成"十九"，再反过来，把"十九"说成"比十多九"。
然后用同样的方法，用游戏的方式，把十一到十八轮着说一遍。

第二个人走进来，说：

"我是'十再加'国的'数得更好'。"

"好，那你来数一数吧。"

"嗯，五加五是十，十再加一，十再加二，十再加三……"

"数得更好"数戒指数得很顺利。

"十再加四，十再加五，十再加六，十再加七，十再加八，十再加九，十再加十，然后，然后……咳咳，然后就不知道了。"

"数得更好"挠着头退了下去。

国王更失望了。

先摆出一排十个的方块，然后一边再摆出一排，一边说："十再加十。"接着说："两排十个，是二十个。"然后让孩子把十一到十九的数字也像这样说一说："十再加一，十再加二……"

人们陆陆续续地走进来，可是谁也没能把戒指数完。

"难道就没有人能数清楚这些戒指吗？"国王气得大叫。

这时，一个少年走上前，说：

"让我来数一数吧！"

"哦？你是哪个国家的？你叫什么？"

"我就住在这个国家，我叫'捆绑'。"

"是吗？那你能数到多少？"

"我能数到十。"

"什么？那你要怎么数这些戒指呢？"

"我有一种'只要能数到十就可以'的方法。"

"好吧，那你来数数看吧。

如果数得好，可以得到奖赏，如果数不好，我就惩罚你。"

"这个少年只能数到十，要怎么数十以上的数呢？"如果孩子不知道，就让孩子好好看一看，少年将如何用"捆绑"的方式来数数。

15

少年在数戒指之前，提出了一个请求。

"国王，我需要几个帮手，
请帮我找几个人过来吧。"

国王叫来了几名侍女。

少年让侍女们在十根手指上都戴上戒指。

"他在干什么？为什么不去数戒指，
反而让人戴戒指？"

周围的人议论纷纷，

但少年一副若无其事的样子。

终于，侍女们的十根手指上都戴好了戒指。

张开双手，说："每个人有十根手指。"然后，边数手指，边说："一和九，合起来是十；二和八，合起来是十；三和七，合起来是十……九和一，合起来是十。"

"好了，现在我要开始数戒指了。"
少年先数了数十根手指上都戴着戒指的侍女。
"一，二，三。"
然后又数了数剩下的戒指。
"一，二，三，四，五！"
少年说：
"戒指一共有'三捆十，再加五'枚。"

准备二十七颗糖或棋子，像少年那样，把数量说成"两捆十，再加七"。

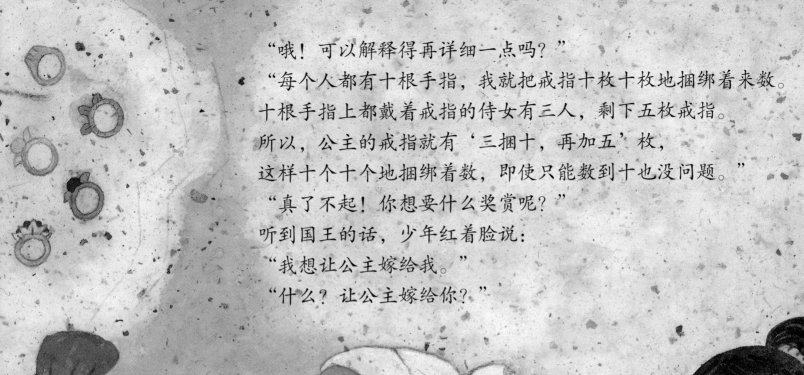

"哦！可以解释得再详细一点吗？"

"每个人都有十根手指，我就把戒指十枚十枚地捆绑着来数。
十根手指上都戴着戒指的侍女有三人，剩下五枚戒指。
所以，公主的戒指就有'三捆十，再加五'枚，
这样十个十个地捆绑着数，即使只能数到十也没问题。"

"真了不起！你想要什么奖赏呢？"

听到国王的话，少年红着脸说：

"我想让公主嫁给我。"

"什么？让公主嫁给你？"

22

国王沉思了片刻，对少年说：
"好吧，不过我想再看看你是不是真的这么会数数，
再决定是否要把公主嫁给你。"
国王领着他走出王宫，说：
"来，先跟我去那个村子。"

国王把少年带到一个农夫家，严肃地说：
"我一直很心疼我的百姓。
他们因为不会数数，一直生活得闷闷不乐。
现在，你来数一数这个农场里的动物各有多少只吧。"
少年恭恭敬敬地对农夫说：
"请您在围栏里做一些隔板，每个隔间里放十只动物。"
农夫很快就按照少年的话做好了。

问一问："这么多动物，少年是怎么数的？"接着说："假设你就是那个少年，你来数数看吧。"然后观察孩子是如何做的。

少年从猪开始数了起来。

"放有十头猪的隔间有一间，还剩下三头猪。
所以，猪一共有'一捆十，再加三'头。"

接着，他开始数鸭子。

"放了十只鸭子的隔间有两间，还剩四只鸭子。
所以，鸭子一共有'两捆十，再加四'只。"

最后，他数了数山羊。

"放有十只山羊的隔间有一间，
还剩七只山羊。
所以，山羊一共有'一捆十，
再加七'只。"
"好！数得太好了！"
国王非常高兴。

说一说，少年是怎么数动物的。

国王又带着少年来到市场。
"再数一数这个市场上的每样东西各有多少。"
少年拜托商贩们：
"请大家把所有的货物十个十个地摆放或堆在一起。"

让孩子像少年数动物那样，数一数南瓜有几个。然后翻到下一页，看看回答是否正确。

商贩们按照少年说的做了，
少年开始将这些货物一样一样地数了出来。
"碟子有'四捆十，再加八'个；
苹果有'两捆十，再加六'个；
南瓜有'一捆十，再加三'个；
帽子有'三捆十，再加一'顶。"
国王哈哈大笑起来：
"真是个聪明的孩子。
好吧，我同意把公主嫁给你。"

就这样，少年和公主结婚了。
婚礼那天，整个王国举行了盛大的宴会。
宴会上，放了"两捆十，再加五"枚烟花，
有"四捆十"匹马参加了庆祝游行。
从那以后，"数到十就犯糊涂"王国的人
即使遇到再多的东西也能数清了。

就连王国的名字也改成了"把十个捆绑在一起"王国。

再后来，"三捆十，再加五""四捆十，再加三"这样复杂的说法换成了更简洁的说法。

究竟换成怎样的了？

小朋友们来想一想吧。

问一问："如果把烟花和马的数量用简洁的说法来说，该怎么说呢？"如果孩子说出"二十五""四十"，请给予表扬。

33

认识十

有九把雨伞。
少年又拿来了一把。

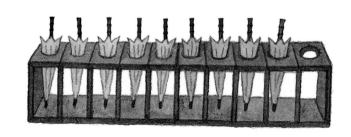

用方块来表示的话，
就是九个方块再加一个方块。

雨伞一共有几把？

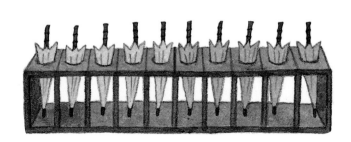

用方块来表示的话，
五个一组的方块有一组，
再加上五个方块。
相当于五个一组的方块有两组。
所以，雨伞一共有十把。

少年有五个橘子，公主又拿来五个。

用方块来表示的话，
五个一组的方块，再加五个一组的方块。

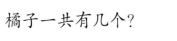

橘子一共有几个？

用方块来表示的话，
一共有两组五个一组的方块，
和一组十个一组的方块数量相同。
所以，橘子一共有十个。

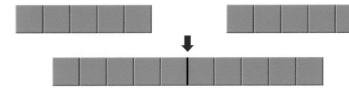

数数一共有多少

数一数，鸭子一共有几只？

十只十只地捆绑着来数，很容易就能看出答案。

鸭子一共有"两捆十，再加六"只，读作二十六。

用方块表示如下。

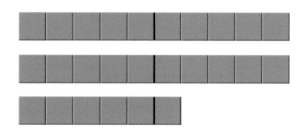

数一数，筐一共有几个？

十个十个地摞在一起，很容易就能看出答案。

筐一共有"三捆十，再加两"个，读作三十二。

用方块表示如下。

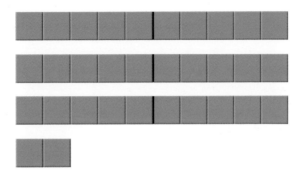

比十大的数，也用"一、二、三……九、十"这样的方式来数

到目前为止，我们已经学习了数字1到9和0。特别是超过5的数字6，7，8，9，我们可以用"5和几"这样的方式来理解。通过学习"把五个捆绑在一起"，能让孩子自然而然地理解"把十个捆绑在一起"的思考方式。这本书以十（10）为中心，讲述的是"几十""几十几"这样的大数。但这并不意味着要让孩子开始读和写"10"，而是要让孩子理解，即使是超过十的数字，也可以用他们已经掌握的"一、二、三……八、九、十"为基础数出来，再大的数字，也只是单位发生了变化，而这十个数字始终在反复不断地出现。为了更好地学习，我们需要利用方块来复习一下学过的数字。

这里出现的"十"并不表示相应的数字，只是为了让孩子将十个作为一组，更快地数出物品的数量。所以重点是利用方块，让孩子理解十的大小。将"10个单独的方块"摆在一起，或是把"2排5个一组的方块"摆成一排，就成了"1排10个一组的方块"。单独的方块很小，10个摆成一排就成了长长的一条，这样对比，孩子就能更快地熟悉这些数字。

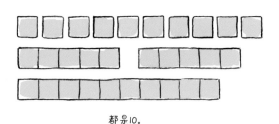

都是10。

经过上述学习，孩子很容易就可以理解：十个连在一起，就成了一个新的单位。

我们计数的原理是："十个一是十，十个十是百"。用来展示把十个捆绑在一起形成新的单位时，方块是最适合的。数的时候，方块组要按十个十个来数，就是十、二十、三十……小方块要一个一个来数，就是一、二、三……而且我们要和孩子约定好，在读的时候，先读方块组的数，后读小方块的个数。

🌸 数学小游戏

■ 在几个盘子里各放10颗糖果，并摆出不同的形状。让孩子数一数每个盘子里有几颗糖果，并确认数量是否一样都是10颗。

例：摆两行、一行5颗，或摆成十字形。

一样，都是10个。

■ 十个为一组，数一数

1.准备23颗糖果，问问孩子一共有几颗。然后准备几个盘子，让孩子在每个盘子中放10颗糖果，凑不够10个的剩余糖果放在一旁。告诉孩子：数盘子里的糖果用"十、二十、三十……"来数，数单个的糖果用"一，二，三……"来数。指着盘子说"二十"，指着剩余的糖果说"三"，引导孩子自己说出糖果共有"二十三（23）"颗。

2.请准备3行方块组（十个一组）和4个小方块，并让孩子数一数。

3.说"二十二"，让孩子摆一摆数字对应的方块。

先说"二十"，并放两行方块组（十个一组）；再说"二"，并放两个小方块。最后看一看摆好的方块，再次确认是"二十二"。

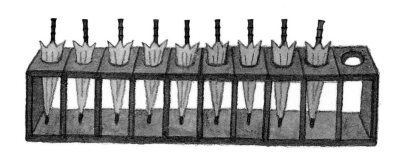

图书在版编目（CIP）数据

千里眼和飞毛腿的大冒险 / (韩) 朴贞宣著 ; (韩)
黄星淳绘 ; 许美琳译. -- 北京 : 中信出版社, 2021.4
（熊津金牌数学童话. 5-7岁）
ISBN 978-7-5217-2974-0

Ⅰ.①千… Ⅱ.①朴… ②黄… ③许… Ⅲ.①数学 –
儿童读物 Ⅳ.①O1-49

中国版本图书馆CIP数据核字（2021）第050441号

千里眼和飞毛腿的大冒险
（熊津金牌数学童话：5～7岁）

著　　者：[韩] 朴贞宣
绘　　者：[韩] 黄星淳
译　　者：许美琳
出版发行：中信出版集团股份有限公司
　　　　　（北京市朝阳区惠新东街甲4号富盛大厦2座　邮编　100029）
承 印 者：当纳利（广东）印务有限公司

开　　本：880mm×1230mm　1/20　　印　张：24　字　数：300千字
版　　次：2021年4月第1版　　印　次：2021年4月第1次印刷
京权图字：01-2021-0983
书　　号：ISBN 978-7-5217-2974-0
定　　价：258.00元（全10册）

出　　品：中信儿童书店
图书策划：如果童书
策划编辑：蔡磊
责任编辑：房阳
营销编辑：邝青青　张远
封面设计：李然
内文排版：北京沐雨轩文化传媒有限公司

版权所有·侵权必究
如有印刷、装订问题，本公司负责调换。
服务热线：400-600-8099
投稿邮箱：author@citicpub.com

熊津金牌数学童话：5~7岁

千里眼和飞毛腿的大冒险

[韩] 朴贞宣 著　　[韩] 黄星淳 绘　　许美琳 译

中信出版集团 | 北京

一天，两个男孩到森林里玩，发现了一个很旧的箱子。

箱子里有一副眼镜、一双皮鞋，还有一张卷起来的纸。

他们俩好奇地拿起眼镜和皮鞋，左瞧瞧右看看。

一个男孩把眼镜架在了耳朵上，另一个把皮鞋穿在了脚上。

剩下的纸卷被他们随便塞进了口袋。

随后，不可思议的事情发生了。

戴上眼镜的男孩发现眼前的一切都变得特别大、特别清楚。
"呀！连小虫子都看得见，我是千里眼！"
穿上皮鞋的男孩跑得像风一样快。
"我是飞毛腿！"
千里眼和飞毛腿兴奋极了，四处跑来跑去。

但是不一会儿，千里眼和飞毛腿开始觉得很累很累。
千里眼的眼睛很疼，因为一切都变得太大、太清楚了。
飞毛腿的腿特别酸，因为他一直在飞快地跑。
他们想把眼镜摘掉，把皮鞋脱掉，
但是不管费多大的劲儿都不行。
这下，两个男孩心里害怕起来。

"对了，刚刚箱子里的那张纸上或许
写了什么！"
飞毛腿边说，边从口袋里拿出了纸卷。
可是上面的字太小了，他根本看不清。

"我来试试。"

千里眼拿过纸卷，只见上面写着：

"这副眼镜和这双皮鞋，只要穿戴上就永远也拿不下来，

除非去到东方的神秘城堡。"

千里眼和飞毛腿环顾四周，发现不知不觉太阳已经要落山了。

去东方该走哪条路呢？

他们踏上了去往东方的路。

走哇走哇，他们看见一棵立在悬崖边上的树，有只小老鼠正在往上爬。

"小老鼠，你知道神秘城堡在哪儿吗？"千里眼上前问道。

小老鼠说："如果你告诉我爬上哪根树枝能摘到树上的果子，我就告诉你。"

千里眼应该让小老鼠爬上哪根树枝呢？

千里眼和飞毛腿沿着小老鼠指的路往前走。
前面出现了一条向下的台阶。
台阶并不平整，多处都有缺口。
台阶下面站着一头熊。

"大熊，你知道神秘城堡在哪儿吗？"千里眼冲着下面问。
大熊说："如果你告诉我怎么把台阶补好，我就告诉你。"

想把台阶修复成原样，需要多少块砖呢？

千里眼和飞毛腿沿着大熊指的路走了好久。
突然，前面出现了一个岔路口，这里立着一块牌子，
上面写着："前方的五条路中，只有一条通往神秘城堡。"

他们应该选哪条路呢？

走过岔路口，他们来到一栋房子前。

一位老奶奶站在门口，正看着地上掉落的玻璃碎片叹气。

"老奶奶，您知道神秘城堡在哪儿吗？"千里眼问道。

老奶奶说："如果你告诉我这些玻璃碎片分别应该安在哪扇窗户上，我就给你们一张去往神秘城堡的地图。"

千里眼仔细地观察了那三块玻璃碎片。

应该把这三块碎片分别安在哪儿呢？

千里眼给每扇窗户找好了对应的玻璃碎片，拿到了地图。
但是前面的几座城堡太相似了，他们不知道哪一个才是真正的神秘城堡。
千里眼和飞毛腿认真地查看地图。

究竟哪一个才是神秘城堡呢？

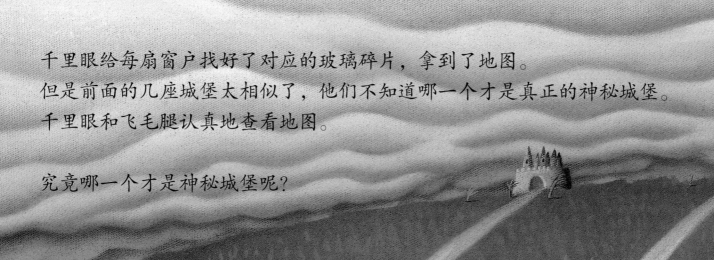

19

千里眼和飞毛腿终于来到了神秘城堡前。

这是一座非常古老的城堡，

光从外面看就觉得毛骨悚然。

城堡的大门上刻着几行字：

"进入城堡的人，必须答对所有的问题才能出来。

否则，就会被永远困在城堡里。

问题就在蓝色的魔法石上。"

他们打开城门，
刚一进去，眼前就出现了一个房间，墙上挂着六幅画。
千里眼和飞毛腿发现了一块蓝色的魔法石，
上面出现了一行字：

"请按照时间先后，重新摆放画框。"
千里眼和飞毛腿认真地观察了每一幅画。

应该按什么顺序摆放呢？

他们走出画框房，来到了一座迷宫前。
蓝色魔法石上又出现了一行字：
"只能穿过带圆形窗户的黄色大门。"

他们该怎么走出去呢？

25

两人安全走出迷宫，又来到一间摆满镜子的房间。
房间里有四面大镜子。
蓝色的魔法石上又出现了一行字：
"请找出真正的镜子。"

到底哪一面才是真镜子呢？

千里眼和飞毛腿找出了真镜子，穿过镜子房，
眼前出现了一个满是水蛇的房间。
蓝色魔法石上又出现了一行字：
"由上往下数，从倒数第二块木板上通过。"

究竟哪一块才是倒数第二块木板呢？

出了水蛇房，他们又进入一间挂着两张巨幅画的房间。
蓝色魔法石上又出现了一行字：
"在两幅画中找出六处不同的地方。"

乍一看，两幅画一模一样，
但其实有六个地方不太一样。

到底是哪里不一样呢？

从巨画房出来，他们的眼前出现了一条又窄又弯的楼梯。

千里眼和飞毛腿沿着楼梯爬到了神秘城堡的顶楼。

风呼啸着吹过，冻得他们俩瑟瑟发抖。

蓝色魔法石上再次出现了文字：

"前面穿过了几个房间，现在就向右转几圈。"

千里眼和飞毛腿立刻向右转了几圈。

这时，突然刮起一阵旋风。

只一眨眼的工夫，千里眼和飞毛腿就被吹得没了踪影。

你知道千里眼和飞毛腿向右转了几圈吗？

他们被旋风带到了发现箱子的那片森林，
醒来之后，发现眼镜和皮鞋已经不在身上了，
和那阵旋风一起消失得无影无踪。
千里眼终于摘掉了眼镜，飞毛腿也终于脱掉了皮鞋！
从那以后，两个小男孩常常给别人讲起这段冒险故事。
"我们一直走到东方大地的尽头，
在那里遇见了老鼠，还帮它摘了果子。
哎呀，神秘城堡别提多吓人了！
蓝色的魔法石上出现了各种题目，
我们爬上绳梯，穿过满是水蛇的房间，
还在城堡的顶楼和巫师搏斗，差点送了小命！"
两个小男孩的讲述中，哪些是在吹牛呢？

数学小助手 解决问题的能力

通过寻找规律解决问题

3~6岁的孩子很会讲道理，想象力也很丰富，还常常会顶撞爸爸妈妈。这是因为他们已经具备了一定的独立思考能力（如推理能力）。推理能力是指以一些线索（已知条件）为基础得出结论的能力。在进行猜谜或下围棋、下象棋这类游戏时，经常会看到孩子认真思考的样子，这是他们在以已知事实为基础，根据具体情况做出自己的判断，这就是在发挥推理能力。

推理通常是根据已知的事实，通过有一定规律的步骤找出一个结果。数学可以说是最典型的推理，是一种寻找规律的游戏。加法运算也好，减法运算也好，都是在寻找隐藏的规律，所以数学也常常被比喻成"侦探游戏"。这个年龄段的小朋友，非常适合培养依靠推理找规律的能力。

嗯，有什么规律呢？

找规律，就是在看上去杂乱无章的事物中找到某种秩序。但是我们不能盲目地催促孩子快速找出规律。因为为了找到规律，他们常常需要先在脑海中勾勒一些形象（影像），最后在它们的帮助下高声喊出"对，就是这个！"而让他们在脑子一片空白的状态下找规律，对于他们来说就像在迷雾中寻找方向一样困难。

记忆在寻找隐藏的规律时能起到很重要的作用。过去的事物长期储存在脑海中，形成记忆，而人则能通过思考，在储存的记忆与新接受的事物之间找到关联。比如，在记住平面中由四条边围成、对边平行且相等、四个角均为直角的图形叫长方形后，再看到四方的墙、纸张，或是窗户时，即使名字和材质不同，我们也能很快判断它们全是长方形的。如果记忆力足够好，即使看到更多不同的事物，也能从中找到共性，发现规律。

要想提高记忆力，记"图像"往往比记"话语"更有效。这就是"形象思维"。观察那些不喜欢数学的孩子，常常会发现这样的情况：他们在做题的过程中会忘记要解决的是什么问题。而如果他们面对的是"有2只鸟和3只鸟同时向食槽飞来，总共有几只鸟？"这样的题目，则能在脑海中将问题的场景勾勒出来，在解题过程中也就不会忘记题目的要求了。所以，家长可以帮助孩子养成"形象思维"的习惯。

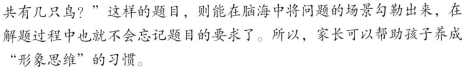

这本书中，两个男孩为了摆脱魔法眼镜与魔法皮鞋，冒险去寻找神秘城堡，在通过了重重考验后，最终恢复了自由。在故事的最后，我们设置了——回顾所有"冒险"的环节，也是为了强调找规律与记忆力之间的紧密联系。希望家长可以在孩子身边多提供帮助，让他们尽情地发挥这种能力。

❀ 数学小游戏

■ 准备一些孩子不同成长时期的照片，让孩子从出生开始按顺序摆放。

■ 回忆从家到车站或商店等孩子熟悉的地方，要经过什么路线，让孩子说一说路上都有什么。然后和孩子一起试着画一张地图。

■ 把三张大小和形状相同的纸随意撕成两半，将它们的顺序打乱后，让孩子进行配对拼图。

■ 把五张纸片叠放在一起，让孩子找出倒数第三张纸片。

■ 在长颈瓶中放进三片树叶，然后让孩子想一想怎样在不翻倒瓶子的前提下取出树叶。

答案

告诉孩子：太阳升起的方向是东方，太阳落下的方向是西方，东和西是一对相反的方向。从图上可以知道太阳落下的方向，影子在相对的方向，所以影子的方向就是东方。

用手指沿着一根树枝走到有果实的地方就可以了。但是，如果孩子沿着交错的树枝向前走，也可以。这说明孩子已经掌握了连接的方式。

6块。
让孩子一个一个地指出需要放砖块的位置："这边放一块，那边放一块……"接着提问："一共需要几块砖呢？"

如果孩子不能一下子找到答案，就先让孩子找到和地图相同的两棵树，然后再确认岩石和第三棵树的位置。

22～23页

24～25页

26～27页

28～29页

30～31页

32～33页

34～35页

5间

问问孩子，记得哪些房间，如果想不起来，可以给一点提示。然后重
新回到第22页。"画框房，迷宫房，镜子房，水蛇房，巨画房。"这
样，让孩子确认穿过房间的数量。

我们一直走到东方大地的尽头，
在那里遇见了老鼠，还帮它摘了果子。
哎呀，神秘城堡别提多吓人了！
蓝色的魔法石上出现了各种题目，
我们爬上绳梯，穿过满是水蛇的房间，
还在城堡的顶楼和巫师搏斗，差点送了小命！

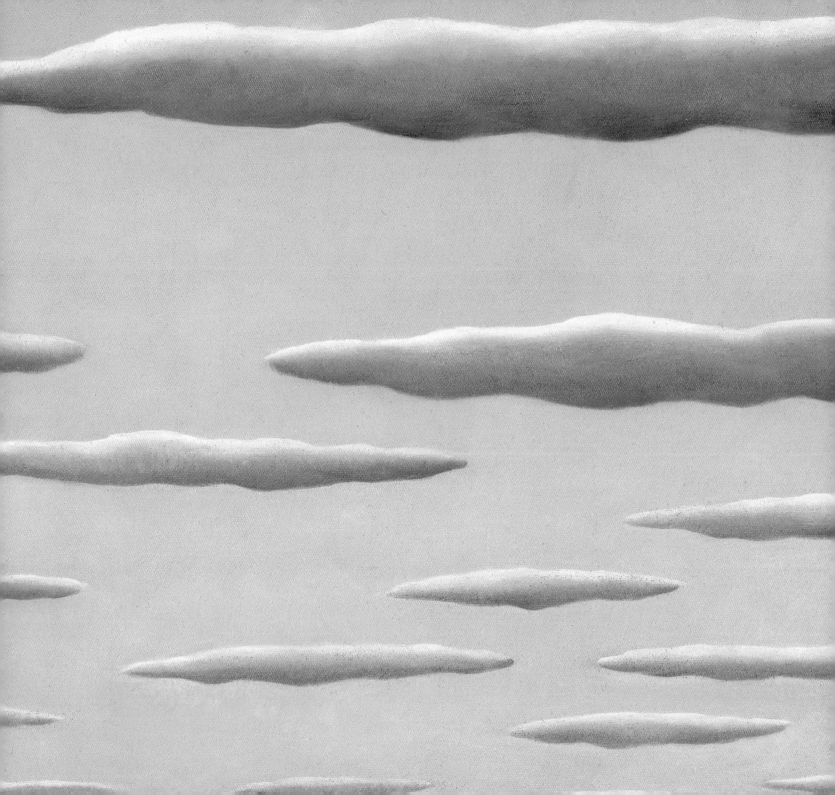

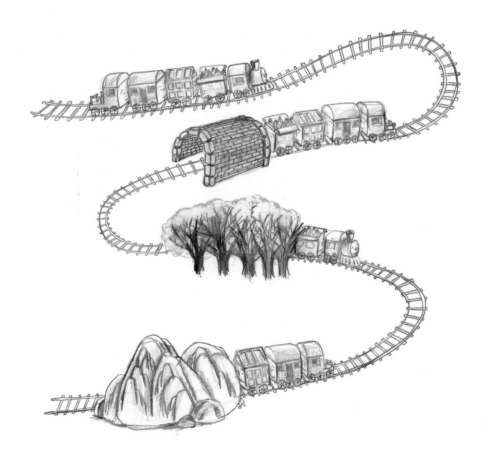

图书在版编目（CIP）数据

天空中的冰火车 /（韩）申惠恩著；（韩）宋香兰绘；
穆秋月译. -- 北京：中信出版社，2021.4
（熊津金牌数学童话. 5-7岁）
ISBN 978-7-5217-2974-0

Ⅰ.①天… Ⅱ.①申…②宋…③穆… Ⅲ.①数学 -
儿童读物 Ⅳ.①O1-49

中国版本图书馆CIP数据核字（2021）第050464号

天空中的冰火车
（熊津金牌数学童话：5～7岁）

著　者：[韩]申惠恩
绘　者：[韩]宋香兰
译　者：穆秋月
出版发行：中信出版集团股份有限公司
　　　　　（北京市朝阳区惠新东街甲4号富盛大厦2座　邮编　100029）
承 印 者：当纳利（广东）印务有限公司

开　本：880mm×1230mm　1/20　　印　张：24　　字　数：300千字
版　次：2021年4月第1版　　印　次：2021年4月第1次印刷
京权图字：01-2021-0983
书　　号：ISBN 978-7-5217-2974-0
定　价：258.00元（全10册）

出　品　中信儿童书店
图书策划：如果童书
策划编辑：蔡磊
责任编辑：房阳
营销编辑：邝青青　张远
封面设计：李然
内文排版：北京沐雨轩文化传媒有限公司

版权所有·侵权必究
如有印刷、装订问题，本公司负责调换。
服务热线：400-600-8099
投稿邮箱：author@citicpub.com

熊津金牌数学童话：5~7岁

天空中的冰火车

[韩]申惠恩 著　[韩]宋香兰 绘　穆秋月 译

中信出版集团 | 北京

在一个下雪的夜晚，
蔚梨从睡梦中醒来。
她朝窗外看了看，
发现有什么东西在动。
"咦？那是什么呀？"

问问孩子："从树枝的缝隙间能看到什么？"然后带着孩子找到所有冰火车，告诉他们："一共有5个呢。"

3

蔚梨打开门，走下楼梯，
看到家门口有两排白色的冰块。
"咦？你们是谁呀？"
蔚梨惊讶地问道。

告诉孩子："一共有5个冰火车，3个在这边，2个在那边。"试着教孩子学会"5个是3个与2个之和"的思考方法，而不是每次都要一个一个地数。

"我们是冰火车呀。"
"什么？冰火车？"
蔚梨向他们走去。
"我们路过这里，
不小心从上面掉下来了。"
蔚梨抬起头看了看天空，
那里真的有一条白色的轨道呢。

问问孩子："左边有2个冰火车，右边有3个冰火车，一共是几个呢？"然后让孩子观察蔚梨的姿势，看看是不是就像一个"+"，引导孩子说出"2+3（2加3）就是5"，也让他们试着写一写"2+3=5"，告诉孩子符号"="就是"和……一样"的意思。

7

"哇，天上竟然有火车道。"

"想要回家，我们就必须回到火车道上……"
冰火车快要哭了。

"火车道刚好从这个阁楼的窗外经过，
你们可以从这里上去，我来帮助你们！"

"不行，我们不能进去。
房间里那么热，我们的身体很快就会融化的。"

"我们只能在雪地里移动，其他地方都不行。"
蔚梨想了一会儿，飞快地向家跑去。

带着孩子确认一下，看看图中的冰火车是不是有5个，然后告诉孩子，无论这些火车在哪里，数量始终是5，不会有变化。

"没关系，我帮你们在屋子里铺一条雪路。"
蔚梨打开窗户，大声喊道："暴风雪叔叔，
求你下点儿雪吧，我们需要一条雪路。"
话音刚落，暴风雪就涌向了房子里。
它们扫过客厅，吹过楼梯，涌到了阁楼里。

"朋友们，快上楼！"
听到蔚梨的话，
只有一个冰火车进了屋子，
其他小火车还在门口犹豫着。
"你们怎么不进来呀？"
"我们好害怕呀，进去会不会融化掉啊？"
"没关系，动作快一点儿就不会融化的。"
蔚梨安慰道。

问问孩子："一共有5个冰火车，屋子里有一个，门口有几个呢？"然后引导孩子说出"5个就是1个与4个之和，5等于1+4（1加4）"，并教会孩子写"5=1+4"这个等式。

13

三个冰火车绕过沙发，
路过壁炉，
正准备从台阶上楼，
突然发现另外两个冰火车不见了，
"咦？他们俩去哪儿了？"

问问孩子："原来有5个冰火车，3个过来了，还有几个没跟上呀？"孩子回答出"应该还有2个"后，试着教会孩子用"5等于3+2（3加2）"这样的表述。然后找来5个小木块，家长用手挡住其中2个，问问孩子："我的手下面有几个木块呀？"

15

"快来帮帮我们呀，
雪路融化了，我们没法继续走了。"
原来，另外两个冰火车落在了后面，
通往楼上的路正在一点点融化，
蔚梨赶快跑了过去，
把这两个冰火车搬到还有雪的地方。

问问孩子："楼梯上有3个冰火车，后面还跟着2个，一共是几个呀？"引导孩子说出类似于"3+2（3加2）等于5"的答案。

17

"来，我们动作快一点儿！"
"好，知道啦。"
"我在后面推你们，加油！"
蔚梨担心小火车们会滑下去，
在后面推着他们。

18

这一次这样问问看："现在楼梯上一共有4个小火车，应该还有几个，加在一起才是5个呀？"如果孩子能回答出"1个"的答案，试着教他们说"5等于4+1（4加1）"，同样道理，反过来也要让他们明白"4+1（4加1）等于5"。

19

"嘿哟，嘿哟！"
"呼，好累呀！"

告诉孩子，无论怎么变换物体位置，"5个"就是"5个"，看这张图就能明白，"上面1个，下面4个""上面2个，下面3个"合起来都是5个，情况有好几种。

"哈哈，终于上来啦！"
冰火车们都欢呼起来。
从阁楼的窗子向外看，
可以看到一条冰火车道。

问问孩子："这边3个冰火车，那里有1个，那边还有1个，一共有几个呀？"

23

不过，火车道离窗子还有很远的一段距离，
"这可怎么办呢？"
冰火车们陷入了苦恼。
就在这时，
蔚梨看到了角落里的木板。
"我有办法了！用它就好啦。"

蔚梨把两块木板拿过来，
在上面铺好雪，
把它们搭到火车道上。
但冰火车们又开始担心了：
"我们能走过去吗？会不会掉下来呀？"
"别担心，没问题的！"
听到蔚梨的安慰，
冰火车们小心翼翼地走上木板。

带孩子仔细观察这两块木板的形状，告诉孩子："这样搭在火车道上，是不是看起来就像是等号（＝）呀？"然后问问孩子，现在屋里有几个冰火车。

28

看到前面三个冰火车顺利通过，
后面两个也小心翼翼地走上了木板。
"哇，大家终于顺利回到火车道上啦。"

图中的火车分布在两侧，一侧有3个，一侧有2个，家长可以参照图片教孩子用
"5=3+2"这个等式来表示，再告诉他们这种情况也可以写作"2+3=5"。

"再见啦，冰火车们！"
冰火车呼啸而去，
白色的雪花洋洋洒洒地飘在天空中，
蔚梨目送着他们离开。

30

第二天早上，
整个村子都静悄悄的，
昨晚发生了怎样有趣的故事，
只有蔚梨知道。

怎么做才能得到5？

这里是5个冰火车的家，
他们一起生活在这里。
现在，他们5个正在家里休息。

咦？现在只有3个了，
外面还有几个呢？

现在家里只有2个冰火车，
还有几个火车在外面呢？

1个冰火车先回家了，
还有几个没回来呢？

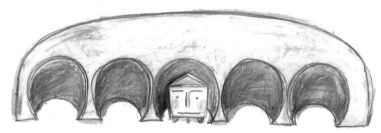

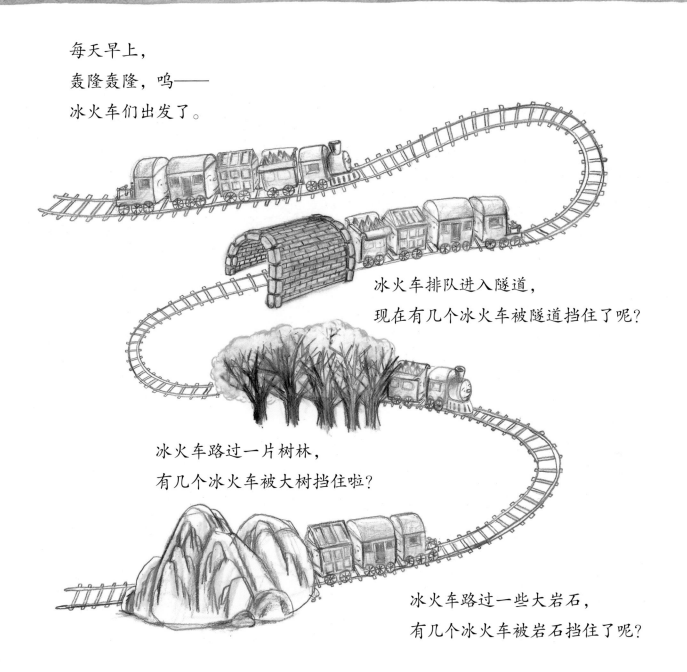

每天早上，
轰隆轰隆，呜——
冰火车们出发了。

冰火车排队进入隧道，
现在有几个冰火车被隧道挡住了呢?

冰火车路过一片树林，
有几个冰火车被大树挡住啦?

冰火车路过一些大岩石，
有几个冰火车被岩石挡住了呢?

2+3等于5

5个冰火车有时候一起走，有时候分开走。

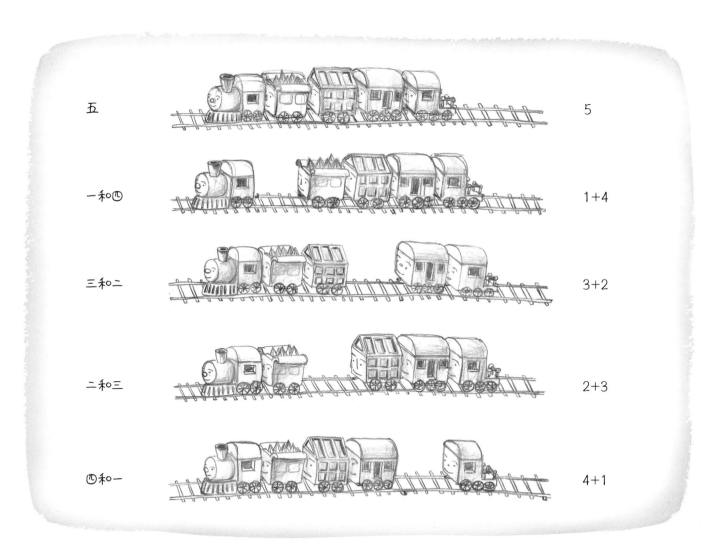

五   5

一和四   1+4

三和二   3+2

二和三   2+3

四和一   4+1

3个冰火车和2个冰火车在隧道处相遇，
一共有几个冰火车？

2+3

5

2+3等于5
2+3=5

5个冰火车一起通过隧道，
出来后分成两路，
两条火车道上各有几个冰火车呢？

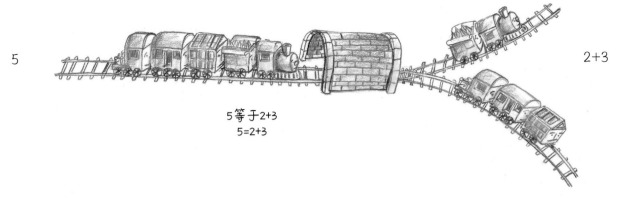

5

2+3

5等于2+3
5=2+3

无论是分开，还是合在一起，冰火车的总数都是一样的。

符号"=", 5的加减法

什么时候会用到符号"="呢？

　　只要出现"="这个符号，就代表着它左右两侧的数大小一样。也就是说，"="两侧的数表现形式可能不同，但实质上是一样大的。我们拿"2+3=5"这个算式举例，"2+3"和"5"是两种不同的表现方式，但它们的大小是一样的，我们把算式两侧的位置对调，变成"5=2+3"也是成立的。"2+3和5的大小是一样的"，一定要让孩子理解：在这个等式中，"="代表着"和……一样"的含义。

　　当天平两侧的重量完全相同时，我们就可以说左右两侧是相等的。假设我们在一侧放5个砝码，在另一侧放1个砝码，那么还要再放几个，两侧才能相等呢？答案是4个。如果上面有2个，就还需要3个；如果上面有3个，就还需要2个；如果上面有4个，就还需要1个。这就是5的加法。5=1+4，5=2+3，5=3+2，5=4+1，同样道理，调换左右位置也是一样的：1+4=5，2+3=5，3+2=5，4+1=5。小朋友们一定要理解这一点，今后再学到10的加减时就会容易许多了。

2+3=5

2+3和5一样

2+3和3+2只是顺序有变化，实质是一样的。如下图所示，我们把3个冰块和2个冰块放在地上，从左边看和从右边看，只是顺序不同，但冰块的实际个数都是5。

请家长教会孩子正确使用"="符号，但在解释的过程中也不要讲得过于复杂。我们希望孩子们不要生硬地去学习算术，而是通过有趣的故事，真正地对算术感兴趣，正确地进行学习。

❀ 数学小游戏

■ 认识符号"="

1. 请家长在桌上横放好两根筷子，在两侧分别放一个盘子。在其中一侧的盘子里放上5颗棋子，在另一侧按顺序依次放1、2、3、4颗，边放边问孩子："我们还应该再放几颗棋子，两边才能一样呀？"告诉孩子："5和4+1是一样的，4+1和5也是一样的。"

5和04+1一样，
4+1和05也一样。

2. 请家长在两侧盘子里各放上几颗棋子，问问孩子："需要再拿下来几颗，两侧才能一样呢？"然后在一侧盘子里放5颗，另一侧盘子里放4颗，再告诉孩子："从5颗里拿出来1颗，和4颗是一样的，4颗就相当于从5颗里减去1颗。"

■ 5的加减法

1. 请家长在两只手里分别放2颗和3颗棋子，让孩子说出每只手里分别有几颗棋子。孩子说出答案后，家长把全部棋子放在一只手里，再问问孩子一共有几颗棋子，然后告诉孩子："2和3加起来是5。"

2. 请家长准备5颗小石子和一个不透明的桶，把石子一个一个地扔进桶里，然后问问孩子桶里有几颗石子，比如，有2颗石子没被投进去，那现在桶里应该有几颗呀？然后让孩子看看桶，确认一下数量。

3. 请家长伸出一只手，依次弯下1、2、3、4根手指，然后问问孩子，现在手指有几根是弯曲的，几根是伸直的。

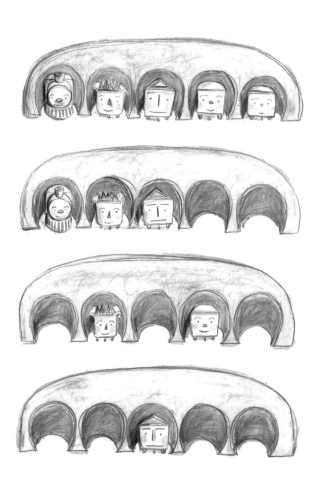

图书在版编目（CIP）数据

狡猾的狐狸朋友 / （韩）朴贞宣著；（韩）金钟棹绘；
许美琳译. -- 北京：中信出版社，2021.4
（熊津金牌数学童话. 5-7岁）
ISBN 978-7-5217-2974-0

Ⅰ.①狡… Ⅱ.①朴…②金…③许… Ⅲ.①数学 –
儿童读物 Ⅳ.①O1-49

中国版本图书馆CIP数据核字（2021）第050451号

狡猾的狐狸朋友
（熊津金牌数学童话：5～7岁）

著　　者：[韩]朴贞宣
绘　　者：[韩]金钟棹
译　　者：许美琳
出版发行：中信出版集团股份有限公司
　　　　　（北京市朝阳区惠新东街甲4号富盛大厦2座　邮编　100029）
承 印 者：当纳利（广东）印务有限公司

开　　本：880mm×1230mm 1/20　　印　张：24　　字　数：300千字
版　　次：2021年4月第1版　　　　印　次：2021年4月第1次印刷
京权图字：01-2021-0983
书　　号：ISBN 978-7-5217-2974-0
定　　价：258.00元（全10册）

出　　品：中信儿童书店
图书策划：如果童书
策划编辑：蔡磊
责任编辑：房阳　　　　　　　　　　　　　　版权所有·侵权必究
营销编辑：邝青青　张远　　　　　　　　　　如有印刷、装订问题，本公司负责调换。
封面设计：李然　　　　　　　　　　　　　　服务热线：400-600-8099
内文排版：北京沐雨轩文化传媒有限公司　　　投稿邮箱：author@citicpub.com

熊津金牌数学童话：5~7岁

狡猾的
狐狸朋友

[韩]朴贞宣 著　　[韩]金钟棹 绘　　许美琳 译

中信出版集团 | 北京

森林深处，温暖的春天悄然来临。
小熊从漫长的冬眠中醒来，伸了个懒腰。

一天下午，
一只骨瘦如柴的狐狸来到了小熊家门口，
他看上去好像饿了一整个冬天，
马上就要晕倒了。
"哎哟，可怜的狐狸，赶快进屋吧！"
善良的小熊给狐狸拿了许多食物，
让他好好休息。

小熊精心地照顾着狐狸。

多亏小熊，狐狸很快就恢复了健康。

可是这时，狐狸却动起了歪脑筋：

"嗯，如果我装病，

就可以继续吃到好吃的，还不用干活儿。"

于是，狐狸装出一副病恹恹的样子，

整天游手好闲。

转眼到了夏天，地里的玉米都成熟了。
小熊对狐狸说："狐狸啊，不要老是躺
着，跟我一起去摘玉米吧。"
狐狸觉得很麻烦，
但还是慢吞吞地跟着小熊出了门。
小熊摘了4根玉米，
狐狸只摘了1根。

爱耍小聪明的狐狸眼珠一转，说：
"小熊啊，咱俩是好朋友，
应该把摘的玉米放在一起吃。"
心地善良的小熊点了点头，
把玉米放到了一起，说：
"呀，一共摘了5根玉米，
我们一起分享吧！"
听了小熊的话，狐狸在心里暗暗地想：
"这个笨家伙！
看来下次我只要装装样子就行了。"

"小熊摘了4根玉米，狐狸摘了1根玉米，他们一共摘了几根？"请家长在纸上列出"4+1"
的算式，再准备一些方块，让孩子在数字旁摆上对应数量的方块，数一数，算出答案。

第二天，小熊和狐狸一起去摘甜瓜。
地里结了许多金灿灿的甜瓜，
小熊摘了5个，装进了篮子。
狐狸只摘了1个，就干脆坐在地上，
把甜瓜吞进了肚子。

说一说，狐狸的篮子里有几个甜瓜。

然后，狐狸将空篮子偷偷藏在身后，说：
"小熊啊，咱俩是好朋友，
应该把摘的甜瓜放在一起吃。"

狐狸装模作样地拿起他的小篮子
往大篮子里倒。
没错，就是那个什么都没有的空篮子。
小熊歪着脑袋说："我明明摘了5个，为
什么我们俩摘的放在一起还是5个呢？"
狐狸听到这话，装出一副若无其事的样子。
这一次，善良的小熊又和狐狸一起分享了甜瓜。

"小熊摘了5个甜瓜，狐狸摘了0个，他们一共摘了几个？"请家长列出
"5+0"的算式，让孩子在数字旁摆上对应数量的方块，数一数，算出答案。

13

又过了一天，他们俩一起去河边抓鱼。

勤劳的小熊扑通一声跳进河里，卖力地抓鱼。

狐狸却躲在一旁偷懒，

只是偶尔装出抓鱼的样子。

到了晚上，小熊和狐狸回到家，
狐狸又像之前那样对小熊说：
"小熊啊，咱俩是好朋友，
应该把抓到的鱼放在一起吃。"

狐狸拿起自己的水桶，
把里面的东西一下子倒进了小熊的桶里。
没错，这是个只有水没有鱼的水桶。
小熊的水桶里有3条鱼，
狐狸的水桶里一条鱼也没有。
小熊盯着自己的水桶奇怪地说：
"咦，好奇怪呀，我明明抓了3条鱼。
为什么和狐狸的合在一起还是3条呢？"

"水桶里有小熊抓的3条鱼，加上狐狸抓的0条，一共有几条鱼？"请家长列出
"3+0"的算式，然后让孩子在数字旁摆上对应数量的方块，数一数，算出答案。

没想到狐狸反而对小熊大喊起来：
"你真是个傻瓜！这怎么可能呢？
咱俩抓到的鱼放在一起，
怎么会和你自己抓到的数量一样呢？"

问问孩子："3条鱼比1条多几条？"引导孩子用"3-1=2"的算式来表示。
再问一问："3条鱼比0条多几条？"引导孩子用"3-0=3"的算式来表示。

19

小熊挠挠后脑勺儿，怎么也想不明白，
这时狐狸又说："不要想那些了，快来吃鱼吧。"
说着，他将3条鱼全都捞出来放到了餐桌上。
小熊心里还在犯嘀咕："我明明抓了3条鱼，
为什么与狐狸的合在一起还是只有3条呢？"
但是心地善良的小熊没有计较，
还是和狐狸一起分享了美味的鱼。

"将水桶中的3条鱼全部捞出后，还剩几条？"请家长引导孩子自己列出"3-3"的算式，再将对应数量的方块摆好，数一数，算出答案。

过了几天，小熊和狐狸去森林里摘柿子。
小熊忙个不停，四处找柿子，
突然，他发现了一个蜂窝。
"呀！是我最喜欢的蜂蜜！"
小熊开心地舔着蜂蜜，忘了要和狐狸一起分享。

"咦，这是什么声音？"
在树荫下乘凉的狐狸，突然跳了起来。
他循着声音的方向跑过去，
看到小熊正独自享用美味的蜂蜜，
就赶紧顺手摘了两个柿子，放进篮子里，大声叫道：
"你这个贪吃鬼！我在那里认认真真地摘柿子，
你却躲在这儿自己吃起蜂蜜来了？"
小熊涨红了脸，支支吾吾地不知道该怎么解释。

问问孩子："狐狸和小熊的篮子里各有几个柿子？"

25

刚一回到家，狐狸就说：
"把你的篮子给我，
咱俩摘的柿子放在一起吃吧。"
可是小熊光顾着吃蜂蜜了，什么也没有摘到，
他扭扭捏捏地把空篮子拿了出来。

狐狸气得直跳脚：
"什么，一个都没摘到？
这样的话，把咱俩摘的放在一起，
也不过只有2个啊！"

"小熊摘了0个柿子，狐狸摘了2个，一共有几个柿子？"请家长引导孩子
列出"0+2"的算式，然后将对应数量的方块摆好，数一数，算出答案。

27

小熊一个劲儿地道歉，
可是狐狸的怒气一点儿也没消。
"好吧，既然你一个柿子也没摘到，
你就一个也别吃了。我摘了2个，
所以2个全归我。"

说完，狐狸当着小熊的面把2个柿子都吃掉了。
"我终于明白了，
原来之前你一个甜瓜也没摘到，
一条鱼也没抓到，
但我还是和你一起分享了！"
小熊生气地吼道。

"从篮子里拿出2个柿子，还剩几个柿子？"请家长引导孩子列出
"2-2"的算式，再摆好对应数量的方块，数一数，算出答案。

31

"咱俩是好朋友，所以才将两个人的劳动成果合在一起来分享。
可现在你居然一个人把柿子都吃光了，
我不需要你这样的朋友，给我出去！"
小熊非常气愤，将狐狸一把抓起来扔了出去。
这时，狐狸才认识到了自己的错误，
可是已经于事无补了。

加起来一共有多少？

小熊们去捕鱼，在岔路口相遇了。

一共有几头熊？

左边的路上有3头，右边的路上有2头，一共有5头熊。

3+2=5，相加之后，数会变大。

渔网上的鱼加起来一共有几条？

左边的渔网上有3条，右边的渔网上有0条，一共有3条鱼。

3+0=3，任何数加上0，都不会改变。

减掉之后还剩多少？

狐狸将地里的5根萝卜拔出4根。

还剩1根萝卜。

5−4=1，相减之后，数会变小。

苹果树上结了4个苹果。

狐狸想摘苹果，可是一个也没有摘到。

4个苹果中，一个也没有摘到。

所以苹果树上依然有4个苹果。

4-0=4，任何数减去0，都不会改变。

数学小助手 **有关0的加减法**

0也可以加减

这本书里我们学习了有关0的加减法。由于加上0或者减去0，结果都不会改变，所以小朋友们经常会想"加不加、减不减都可以"，很容易忽视它，可能还会产生疑问："为什么要进行有关0的运算？"实际上，0在两位数以上的加减法中发挥着相当重要的作用。例如"13+10""13-10"等运算中，有关0的运算是无法避免的。

0是看不见的存在，那该如何进行有关它的运算呢？其实，"看不见的"可以通过"看得见的"来思考。通过"2+3""2+2""2+1"这样的运算，就可以自然地理解"2+0"。

请家长在一个盘子里放2个柿子，另一个盘子里放1个柿子，展示两个盘子相加的情景，并写出"2+1"的算式。之后用相同的方法，将放有2个柿子的盘子与空盘子相加，让孩子自然地想到2个柿子加上0个柿子可以写成"2+0"。最后将两个盘子都清空，然后合在一起，让孩子想象0个柿子加上0个柿子，也就是"0+0"。减法也是同样的道理。

2+1个柿子

2+0个柿子

0+0个柿子

综上所述，在加法与减法中，情境联想的能力非常重要。如果孩子看到有关0的算式，便机械地寻找答案，那即便他们能说出答案，也没有理解其真正含义。

❀ 数学小游戏

和孩子一起画5条鱼，按照形状剪下来，也可以换成孩子喜欢的其他东西。

■ 加法运算
1. 准备两个盘子，分别放2条鱼和3条鱼。问一问："盘子里分别有2条鱼和3条鱼，加在一起一共是几条鱼？"然后在纸上写"2+3"。
2. 准备一个杯子，将两个盘子里的鱼全部倒入杯子，告诉孩子："现在一共有5条鱼。"继续写"=5"。
3. 向孩子展示"2+3=5"的算式，并解释："2加3之后，和5一样多。"然后用同样的方法教孩子"2+2"和"2+1"。先做几遍示范，再让孩子试着自己将盘子里的鱼摆一摆，说一说，再写出对应的算式。

4. 最后，在两个盘子里分别放2条鱼和0条鱼，告诉孩子："盘子里分别有2条鱼和0条鱼。"之后的做法和上面一样。然后拿两个空盘子，告诉孩子："盘子里各有0条鱼。"接着重复上述过程。

2加3之后，和5一样多。

2加上0，和2一样多。

■ 减法运算
1. 在盘子里放5条鱼，拿走3条鱼后，问孩子："一共有5条鱼，拿走3条，还剩几条？"然后写下"5-3"的算式。指着剩下的鱼告诉孩子："还剩2条。"并写下"=2"。

2. 一边展示"5-3=2"，一边解释："5减去3，和2一样多。"然后用同样的方法向孩子讲解"5-2""5-1"。让孩子试着自己列出减法算式。

3. 在盘子里放5条鱼，做出抓鱼的动作，并告诉孩子："原来有5条鱼，1条也没有抓到，所以仍有5条鱼。"一边写，一边读出"5-0=5"。在空盘子里做出抓鱼的动作，用同样的方法教孩子"0-0"。

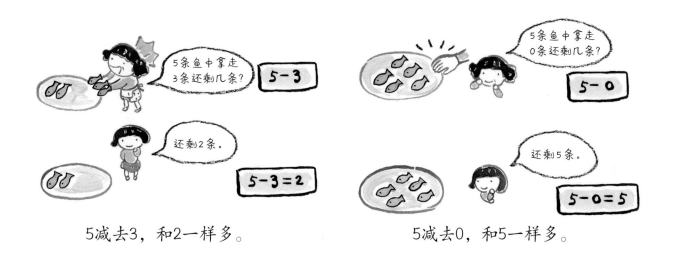

5减去3，和2一样多。　　　　　　　　　　5减去0，和5一样多。

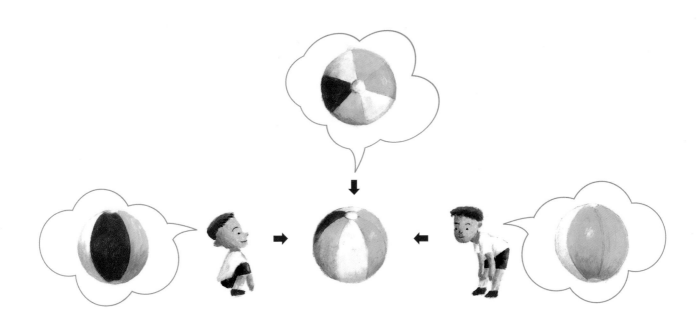

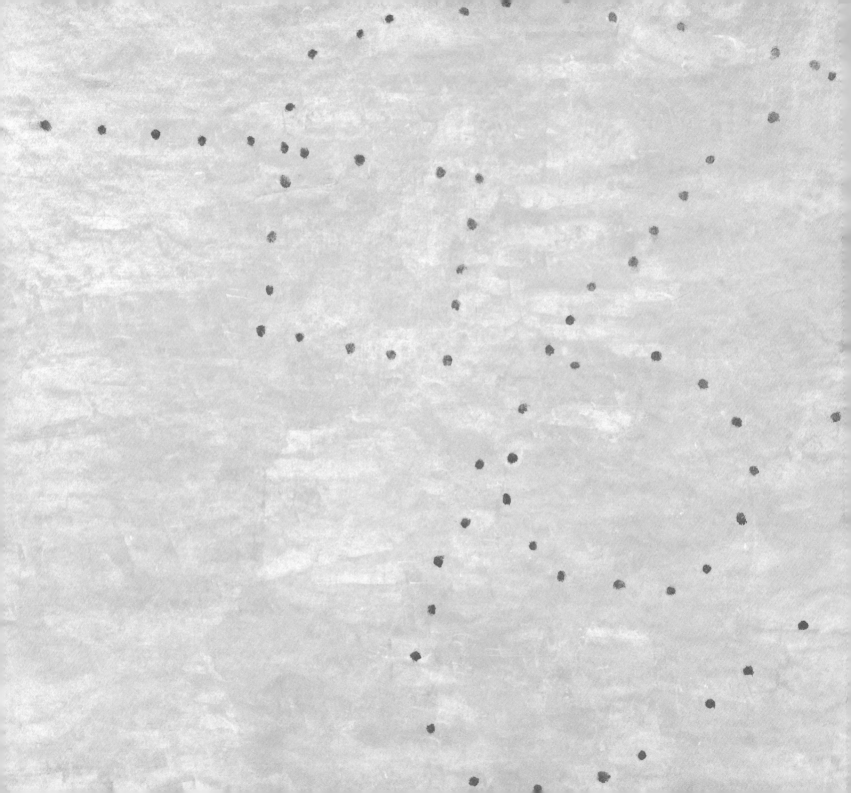

图书在版编目（CIP）数据

祝你生日快乐/（韩）朴贞宣著；（韩）尹奉善绘；
穆秋月译.-- 北京：中信出版社，2021.4
（熊津金牌数学童话.5-7岁）
ISBN 978-7-5217-2974-0

Ⅰ.①祝… Ⅱ.①朴… ②尹… ③穆… Ⅲ.①数学 –
儿童读物 Ⅳ.①O1-49

中国版本图书馆CIP数据核字（2021）第050449号

祝你生日快乐
（熊津金牌数学童话：5～7岁）

著　　者：[韩] 朴贞宣
绘　　者：[韩] 尹奉善
译　　者：穆秋月
出版发行：中信出版集团股份有限公司
　　　　　（北京市朝阳区惠新东街甲4号富盛大厦2座　邮编　100029）
承 印 者：当纳利（广东）印务有限公司

开　　本：880mm×1230mm 1/20　　印　张：24　　字　数：300千字
版　　次：2021年4月第1版　　印　次：2021年4月第1次印刷
京权图字：01-2021-0983
书　　号：ISBN 978-7-5217-2974-0
定　　价：258.00元（全10册）

出　　品：中信儿童书店
图书策划：如果童书
策划编辑：蔡磊
责任编辑：房阳　　　　　　　　　　　版权所有·侵权必究
营销编辑：邝青青　张远　　　　　　　如有印刷、装订问题，本公司负责调换。
封面设计：李然　　　　　　　　　　　服务热线：400-600-8099
内文排版：北京沐雨轩文化传媒有限公司　　投稿邮箱：author@citicpub.com

熊津金牌数学童话：5~7岁

祝你
生日快乐

[韩]朴贞宣 著　　[韩]尹奉善 绘　　穆秋月 译

中信出版集团 | 北京

今天一大早，懒觉大王正勋就起床了。
"耶，过生日啦！"
原来，今天是正勋期待了好久的生日。
厨房里飘出阵阵香气，
正勋兴奋地跑了过去。

家人们都围坐在餐桌旁，给他唱《生日快乐》歌。
正勋吹灭蛋糕上的蜡烛，期待着礼物，
但大家都没有拿出礼物，只是笑眯眯地看着他。
看到正勋闷闷不乐的样子，妹妹拉起他的手，说：
"哥哥，我送的礼物在客厅，你找找看。
它是一个圆圆的东西，我用方形的纸包得可漂亮啦！"

"用方形纸包起来的圆圆的东西？那会是什么呢？用彩纸包的玻璃球？还是用画纸包的苹果？"
根据描述引导孩子，试着让孩子在脑海中想象，并说一说有哪些可能。

客厅里的茶几上有一个方盒子。
正勋打开盒子一看，里面什么都没有。
"嗯？那是什么？"
橱柜上有一个皱皱巴巴的纸团。

正勋一层又一层地拆开纸团，
发现里面放着一个漂亮的球。
"哥哥，生日快乐，这是我送给你的礼物！"
妹妹不知道什么时候来到了正勋身边。
"谢谢你。"
正勋笑着说。

虽然纸被揉成了一团，几乎看不出是什么形状的，但展开后就能看到纸是方形的。
家长可以试着给孩子演示一下。

"哥哥，这里有字。"
妹妹指着那张纸说道。
正勋把纸展开后，
看到上面写着几行大大的字。

问问孩子："哪里会到处都是三角形呢？"听听孩子有什么想法。也可以试着引导孩子仔细观察墙壁或地板上的花纹。

9

"到处是三角形的地方？"
正勋把家里所有房间的门都打开找了一遍。
父母的卧室、姐姐的卧室、自己的卧室、浴室……

"啊，原来是浴室呀！"
浴室墙壁上的瓷砖都是三角形的。
"然后要打开方形物体是吧？"

让孩子想想自己家浴室里，哪些物品有方形的面。

11

正勋打开浴室里的方形收纳柜，
"哇，找到啦！"
他在叠得整整齐齐的毛巾之间
发现了姐姐藏起来的礼物。
紧跟在正勋身后的妹妹也开心地鼓起掌来。

收纳柜的正面是一个方形，饼干盒子的侧面也是方形。
让孩子再找找周围哪些物体上有方形。

14

姐姐的礼物是一本漂亮的绘本。
书里还夹着一封信，
是妈妈写的。

正勋，生日快乐呀，
你也找一找妈妈的
礼物吧。它在一个
既有水又有火的地
方，那里有一个看
着又方又圆的桶，
妈妈的礼物就在那
个桶里哟。

"既有水又有火的地方？啊，我知道了！"
正勋跑向厨房，
妹妹也跟在后面跑了过去。

17

厨房里的桶实在太多了。
盐罐、酱桶、水桶……
但是像妈妈说的那种又方又圆的桶，
在哪里呢？
"究竟是什么样的桶呢？"
正勋一边吃着桌上的薯片，一边认真想着。
就在这时，他看到了旁边的薯片桶。

正勋拿起薯片桶，左瞧瞧，右看看。
"啊，薯片桶的盖子是圆的，但是从侧面来看，这个桶是长方形的！"

拿薯片桶的实物给孩子看，告诉孩子"从上面和下面来看，这个桶是圆的，但从侧面看它是方的"。然后再让孩子从远处和近处分别观察薯片桶。

"耶，找到啦！"
正勋终于找到了另一个和薯片桶形状相似的桶。
里面放着一个帅气的火箭模型。

带着孩子观察一下家里的各种物体，从上面、下面和侧面分别仔细看看。

21

在你的玩具箱里了。

——妈妈

22

火箭模型上系着丝带，
上面写着两排小字。
"哥哥，这是爸爸写的吧？快读读看。"
于是，正勋大声地读了起来。
一读才知道不是爸爸写的，
而是妈妈替姨妈写的。

正勋赶快回到自己的房间，在玩具箱里翻了起来。

"无论从哪个角度看都是三角形？

咦？这是什么呀？"

"就是它！还真是呢，这样看是三角形，这样看还是三角形。"

告诉孩子这个叫三棱锥，并引导他们观察，明白"无论是从上面、下面还是侧面看都是三角形"。

姨妈送的礼物是飞机印章，
正勋把印章蘸上印泥，在纸上印出好多个飞机图案。
"哥哥，也借我玩一下吧。"
妹妹在旁边缠着他。

但正勋装作一副没听到的样子，
还是一直自己玩印章。
"哼，哥哥真讨厌！我要去告诉妈妈！"
妹妹哭着跑了出去。
正勋正要去追妹妹，
突然看到房门上贴着一张纸条，
是爸爸写给他的信。

27

爸爸送的礼物藏在这样一
个地方：从上面看是一排
整整齐齐的长方形，从前
面看是一排整整齐齐的长
方形，从侧面看是一排整
整齐齐的三角形。礼物就
在这个地方的下面。

提示！在院子里。

正勋把印章递给妹妹，
朝着院子走去。

让孩子从书中或自己的身边找一找，哪里有"一排整整齐齐的长方形"。"连接着
上下床铺的梯子是整整齐齐的长方形，钢琴键也是整整齐齐的长方形。"可以试着
通过这样的例子激发孩子的想象。

29

"从上面看是一排整整齐齐的长方形，
从前面看是一排整整齐齐的长方形，
从侧面看是一排整整齐齐的三角形？"
正勋仔仔细细地在院子里找了一遍，
并没有找到爸爸的礼物。
"唉，好难啊……"

正勋扑通一声坐在大门口，
又环视了一遍院子。
"不是木头，不是铁桶，也不是楼梯……咦？"
正勋一下子站起来，快步走下台阶。

也让孩子确认看看，是不是从上面俯视台阶可以看到一排整整齐齐的长方形。

从上面看是一排整整齐齐的长方形，
从前面看是一排整整齐齐的长方形，
从侧面看是一排整整齐齐的三角形！
这说的不就是楼梯嘛！
果然，楼梯下面放着一个漂亮的篮子，
里面有一只可爱的小狗，正在呼呼大睡呢。

实际上，我们看到的台阶侧面，是由多个相同的等腰直角三角形排列而成的。
给孩子讲的时候可以不直接说"三角形"，而是引导他们说出来。

"爸爸，太感谢啦。谢谢大家！"
正勋举起篮子，开心地大声喊道。
刚睡醒的小狗也眨着眼睛，
正盯着正勋看呢。

看东西的角度不同，看到的图形也不同

正勋和朋友们把小狗玩偶放在中间，围坐成一圈给它画像。

让我们一起来看看，大家都画成了什么样子吧。

咦，怎么画得都不一样呢？

这是因为大家看东西的角度不同，看到的图形自然也就不同。

试想一下，从上面和侧面看卷纸，
分别会看到怎样的图形呢？

从不同的角度看球又会怎样呢？
虽然球上的花纹不一样，但无论从
哪个角度看，球都是圆形的。

"○"内的图形是正勋用望远镜从上往下看到的图形。

猜猜看，这3张俯视图分别对应的是哪个物体呢？

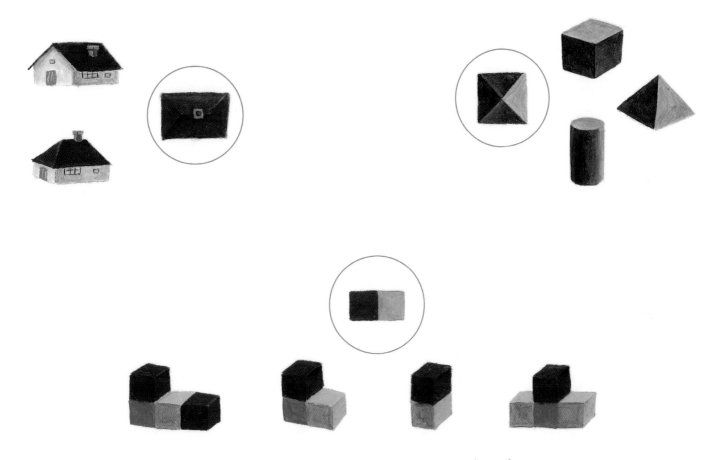

观察一下周围的物体，从上面、下面和侧面各个角度分别看一看，

会发现很多不同的图形哟。

几何体的部分和整体

看部分,想象整体

　　即使是看同一个物体(整体),观察的角度不同,看到的图形(部分)也会不同。反过来说,我们从不同角度观察一个物体的部分,也可以想象出整体的样子。比如,当我们看罐头盒那样的圆桶时,从上往下看是圆形,从远处看侧面又是长方形的。同一个物体之所以会呈现出不同形状,正是因为它是几何体。几何体不仅有长和宽,还有高度,所以从不同的角度看,呈现的形状也有可能不同。

　　我们在看几何体时,经常会有刻板印象。比如让大家画玻璃杯,画出来的往往不是正面就是侧面。这是因为不知从什么时候起,我们对杯子已经形成了这样的固有印象。但实际上,还可以从其他角度思考一下。比如从上面、下面和侧面来观察杯子,我们就会发现每个角度看起来都不一样。

杯子是长这样的吧?

想要确认一个几何体的整体外观，至少应该从上面、下面和侧面三个角度来观察。另外，把几何体拆开或切开，也能发现平面图形与立体图形之间的关系。

　　圆形和球体也有紧密的关系。无论从哪个角度将圆滚滚的西瓜切开，都会得到一个圆形。动手试一试，我们就能亲眼看到，球体内是有无数个圆形的。另外，无论从哪个方向来看球体，它也都是圆形的。

　　请家长带孩子观察一下箱子。将一个箱子切成两部分，因为切开的角度不同，我们可能得到三角形，也可能得到方形。通过这样的游戏，孩子会更直观地看到几何体中隐藏的各种图形。这样从多个角度仔细观察，能够培养孩子的空间想象力。

真的会一直切出圆形呢。

❀ 数学小游戏

■ 让孩子从上面、下面和侧面观察杯子、塑料瓶、碗等物体，并画下来。小朋友们可能还不太擅长画画，家长可以适当提供帮助。

■ 请家长准备豆腐块、苹果、面包等可以切开的物体，并从横、竖等多个角度切开它们，让孩子们观察各种切面。例如：将豆腐块切成三角形、方形；将蛋糕卷竖着切开能得到圆形，横着切开能得到方形。

这样切就可以得到方形呢。

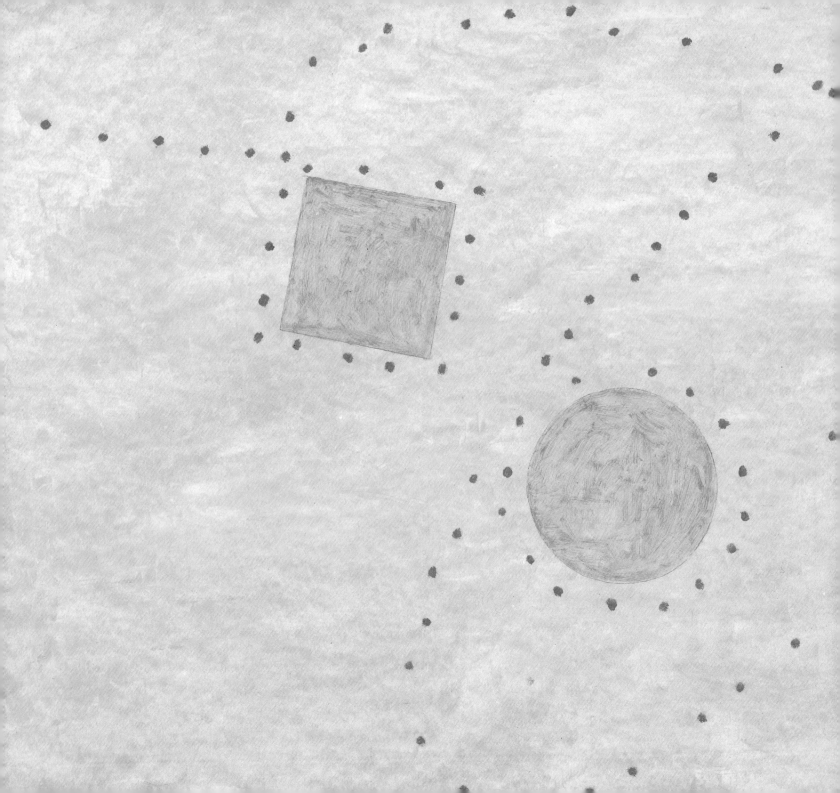

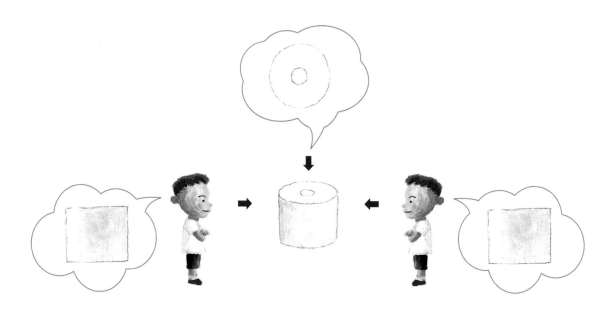

图书在版编目（CIP）数据

一二三，木头人 /（韩）崔玉任著；（韩）李颂贤周
绘；许美琳译. -- 北京：中信出版社，2021.4
（熊津金牌数学童话. 5-7岁）
ISBN 978-7-5217-2974-0

Ⅰ.①一… Ⅱ.①崔… ②李… ③许… Ⅲ.①数学 –
儿童读物 Ⅳ.①O1-49

中国版本图书馆CIP数据核字（2021）第050443号

一二三，木头人
（熊津金牌数学童话；5～7岁）

著　　者：[韩]崔玉任
绘　　者：[韩]李颂贤周
译　　者：许美琳
出版发行：中信出版集团股份有限公司
　　　　　（北京市朝阳区惠新东街甲4号富盛大厦2座　邮编　100029）
承 印 者：当纳利（广东）印务有限公司

开　　本：880mm×1230mm 1/20　　印　张：24　　字　数：300千字
版　　次：2021年4月第1版　　　　印　次：2021年4月第1次印刷
京权图字：01-2021-0983
书　　号：ISBN 978-7-5217-2974-0
定　　价：258.00元（全10册）

出　　品：中信儿童书店
图书策划：如果童书
策划编辑：蔡磊
责任编辑：房阳　　　　　　　　　　　版权所有·侵权必究
营销编辑：邝青青　张远　　　　　　　如有印刷、装订问题，本公司负责调换。
封面设计：李然　　　　　　　　　　　服务热线：400-600-8099
内文排版：北京沐雨轩文化传媒有限公司　投稿邮箱：author@citicpub.com

熊津金牌数学童话：5~7岁

一二三，木头人

[韩]崔玉任 著　[韩]李颂贤周 绘　许美琳 译

中信出版集团 | 北京

从前，有个叫"一二三，木头人"的国家。
这个国家里有一位非常喜欢玩"一二三，木头人"的国王，
他每天都要喊好几次"一二三，木头人"。

向孩子说明一下"一二三，木头人"的游戏规则——当听到"一二三，木头人"就要停
下，听到"好了"才可以动。然后，和孩子一起玩一玩"一二三，木头人"的游戏。

2

只要国王喊出"一二三，木头人"，百姓就不能动了，
直到国王喊"好了"才可以。
而且，国王每次喊完"一二三，木头人"，
都要找出动了的人，把他们关进监狱。

"一二三，木头人！"
这天，国王突然喊了一声。
正在跳舞的心形立即停了下来。
正在打水的菱形也马上不敢动了。
正从树下经过的半圆形
也不得不停住了脚步。

过了一会儿，半圆形突然觉得身上痒得要命，
就趁国王不注意，在原地翻了个身，
贴着树干蹭起痒来。
在国王发现之前，他赶紧停了下来。

对比两幅图，让孩子说一说，半圆形有什么变化。然后让孩子仔细观察，半圆形的弧先是
向右，后来变成了向左。不用考虑他的胳膊和腿，只需要关注外观的变化。

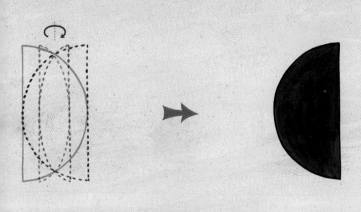

翻一个身。

"谁动了?"
国王用望远镜环顾整个国家,
正好看见了半圆形。
"和刚才的样子不一样了,
把那个家伙关进监狱!"
说完,国王才大喊一声"好了"。

剪一个半圆形的纸片放在桌上,一边说"翻一个身",一边把纸片向侧面翻转一下。确认
图形的变化是否和上面的图相同。

"一二三，木头人！"
国王又喊了一声。
正在运动的图形不得不又停了下来。
正在走路的三叶草形立刻不敢动了。

过了一会儿，
三叶草形被太阳晒得实在受不了了，
就趁国王不注意，
快速移动到打开的伞下。

比较两幅图，让孩子说一说三叶草形的位置是怎么变化的。如果孩子能答出"从合着的伞
移动到打开的伞下"或是"向右移动"，请给予表扬。

"谁动了？"

国王环顾四周，正好发现了三叶草形。

"和刚才的位置不一样了，
把那个家伙关进监狱！"

然后，国王又喊了一声"好了"。

向右平移。

剪一个三叶草形状的纸片放在桌上，一边说"向右平移"，一边向右挪动纸片。告诉孩子，改变的只是纸片的位置，样子没有发生变化。

"一二三，木头人！"
国王又喊了一声。
正在打扫卫生的十字形停了下来。
正趴在地上转圈的半箭头形也不动了。

过了一会儿，半箭头形的胳膊都麻了。
他实在忍不住，就趁国王不注意，
迅速转了半圈。

比较这两幅图，让孩子说一说半箭头形发生了怎样的变化。引导孩子观察，半箭头形的头部原本朝左，现在朝右；尖尖的部分原本朝上，现在朝下。

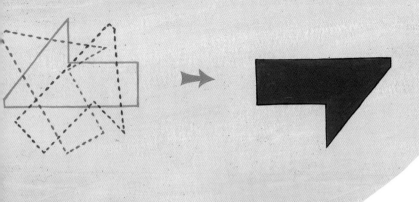

向右转了半圈。

"谁动了?"
国王环顾四周,发现了半箭头形。
"和刚才的样子不一样了,
把那个家伙关进监狱!"
然后,国王喊了一声"好了"。

剪一张半箭头形状的纸片放在桌上,一边说 "向右转半圈",一边像上图那样旋转半圈。让孩子看一看,是否和图中的变化一致。

这会儿，所有的图形都可以动了，大家纷纷抱怨起来。
"哎哟，胳膊疼得要命！"
"我一直忍着痒痒，别提多难受了！"
"被抓走的朋友真可怜啊。"
"得想想办法了！"
他们围在一起商量，
但实在没想出什么好办法。

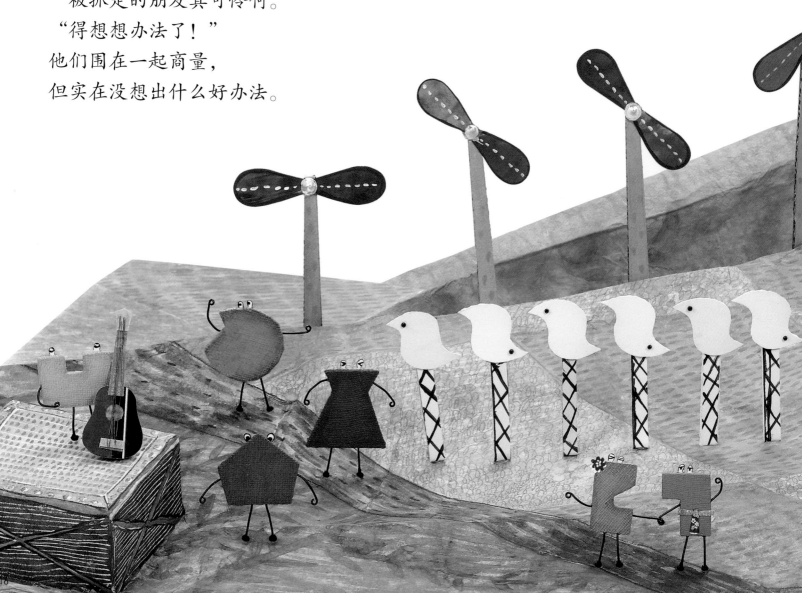

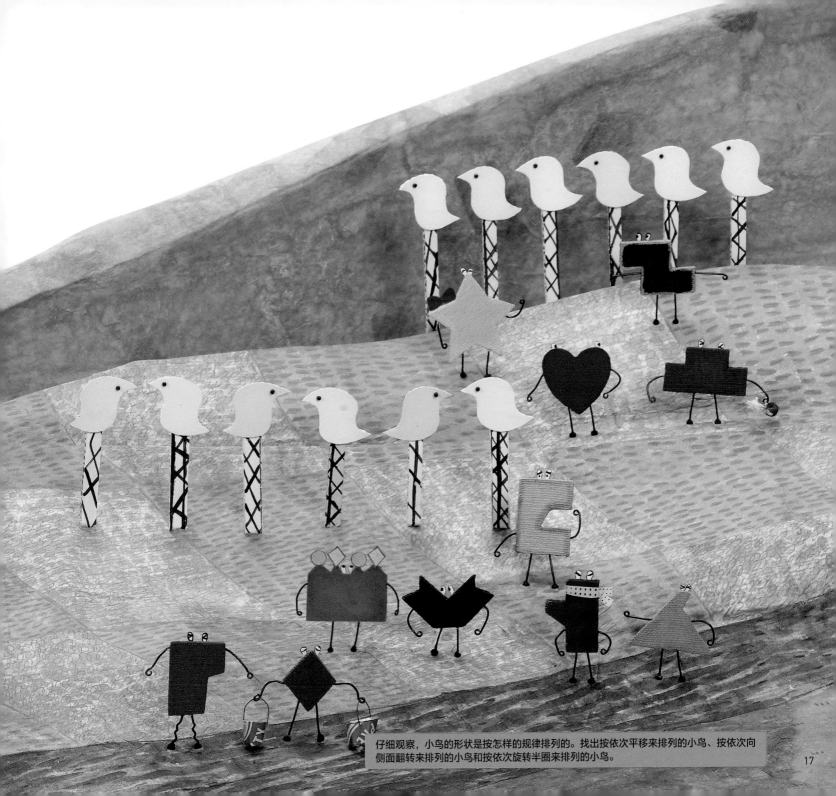

仔细观察，小鸟的形状是按怎样的规律排列的。找出按依次平移来排列的小鸟、按依次向侧面翻转来排列的小鸟和按依次旋转半圈来排列的小鸟。

过了几天，
半箭头形从监狱里出来了，
他正开心地翻跟头玩儿，
突然，国王喊了一声：
"一二三，木头人！"
正在倒立的半箭头形立刻停了下来。
"这次我绝对不能再动了。"他心想。

可是，没过一会儿，
半箭头形就觉得头晕眼花了。
他实在坚持不住，
就趁国王不注意，在原地转了一圈，
却恰好被国王看见了。
"咦？他明明动了，怎么样子和刚才一模一样？
难道是我看错了？"

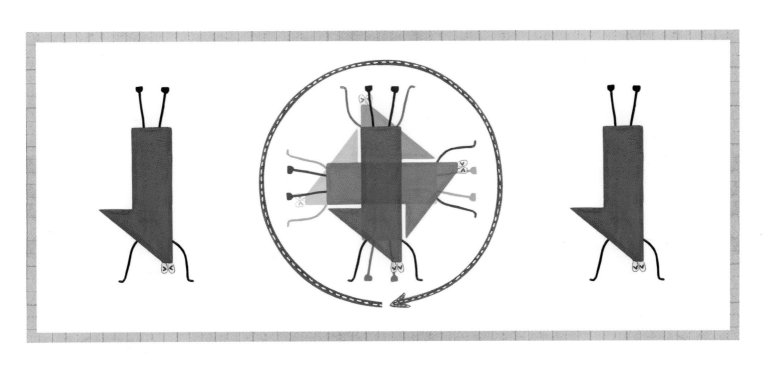

仔细观察半箭头形是如何转一圈的，然后把剪好的半箭头形纸片放在桌上，试着转一圈。
让孩子看到，转了一圈后的半箭头形纸片朝向和原来一样。

国王一喊"好了"，
半箭头形立刻高兴地大叫：
"哈哈，我动了，国王竟然没发现！"
这时，一旁的心形说：
"我刚才也偷偷动了一下。半箭头形，你是怎么动的？"
半箭头形像刚才那样转了一圈。
心形说："哦，果然和之前一模一样！"

"所以国王才没有看出我动了。
心形，你也像我这样转一圈试试。"
心形听了，也转了一圈。
"你也没有变！可能任何东西转一圈之后，都和之前一模一样。"
半箭头形兴奋地说。

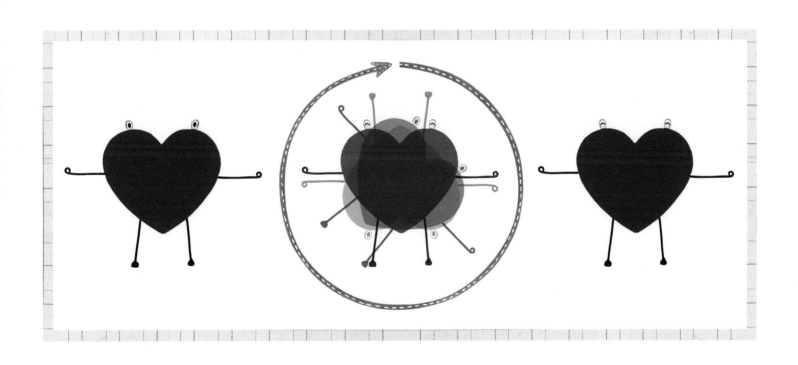

任何形状转一圈之后，外观都不会发生改变。试着剪出不同形状的纸片，分别放在桌上旋转一圈，让孩子观察图形的变化。

"其实我刚刚向侧面翻转了一下，国王也没有发现。"
心形说着，在原地翻转了一下。
"呀，果然和翻转之前一模一样！
我也来翻转一下试试。"

半箭头形也像心形那样翻转了一下。

心形看着他，觉得很奇怪：

"你的样子变了。

你的尖角原来在右边，现在却在左边。"

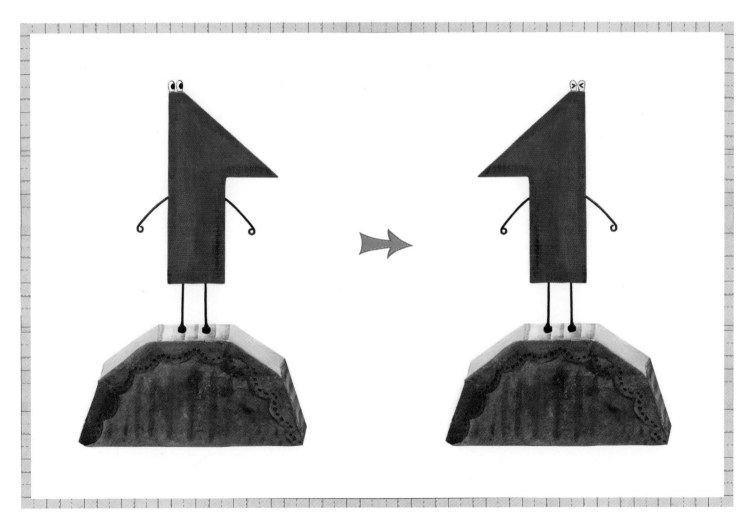

像心形这样，从中间对折，左右两边刚好能够重叠的图形叫对称图形。这样的图形向侧面翻转，外观不变，但是像半箭头形这样左右不对称的图形，翻转之后，外观就会改变。

"嗯……我们俩有什么不一样吗？"
半箭头形歪着脑袋疑惑地问。
心形仔细地盯着半箭头形的身体看了半天，
然后恍然大悟道：
"我的身体左右两边是一模一样的，
你的身体左右两边不一样。"

"是啊，把你的身体从中间对折，
左右两边刚好可以重叠，就像那座宫殿一样。
只有像你这样的图形，翻转后才不会变样。"
半箭头形说。
"没错，没错，我们快去告诉大家吧！"

想一想，如果从中间对折，宫殿的边缘是否能重叠。再想一想，对折后，宫殿的大门、旗子和
塔顶的左右两边是否能重叠。

半箭头形和心形把大家都叫了过来，大声宣布：
"朋友们，我们找到可以偷偷动一动，
又不会被国王发现的办法了！"
"真的有办法吗？"
大家都不敢相信。
心形说："像我这样，从中间对折后左右两边
刚好可以重叠的图形，翻转后不会变样，
原地旋转一圈也不会变样。"

接着，半箭头形说：
"像我这样，
从中间对折后左右两边不能重叠的图形，
在原地旋转一圈，也不会变样。
但是不能左右翻转，
一定要旋转一圈才可以。"

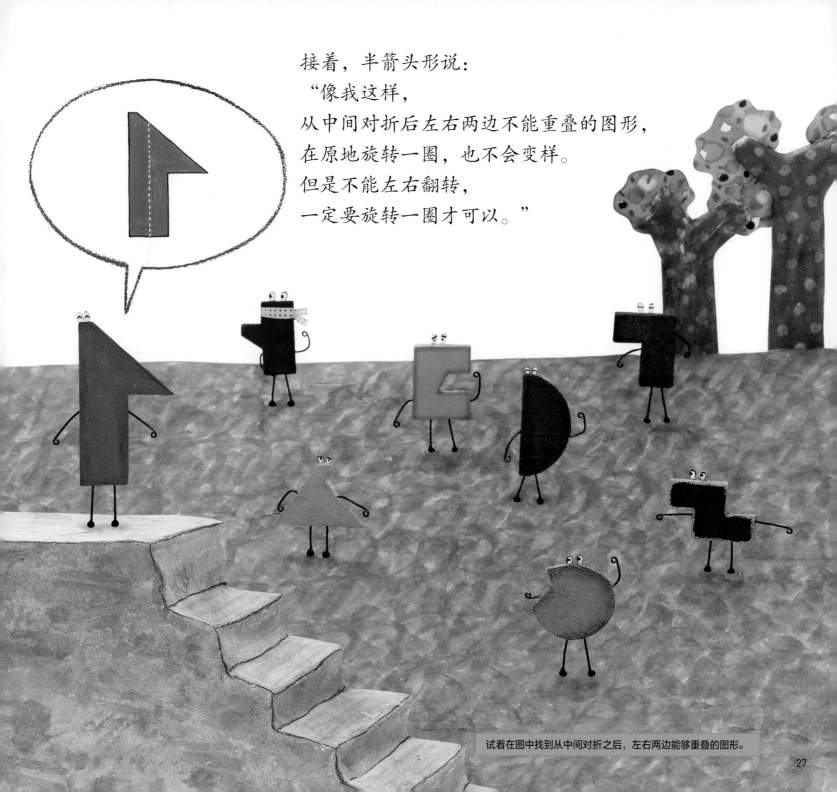

试着在图中找到从中间对折之后，左右两边能够重叠的图形。

就在这时，国王又喊了一声：
"一二三，木头人！"
所有的图形都停了下来。
然后，大家趁着国王不注意，都偷偷地动了起来。
有的快速地翻转了一下，有的在原地快速旋转了一圈。

比较第26页，说一说五角星形和花边形的外观和之前有什么不同。

"谁动了？"

国王环顾四周，一眼就发现了五角星形和花边形。

"和刚才样子不一样了，把那两个家伙关进监狱！"

然后，国王喊了一声"好了"。

"哈哈，我动了，国王竟然没发现！"

可以在国王眼皮底下偷偷动一动，大家都很高兴。

"可是为什么五角星形和花边形被抓走了呢？"

五角星形的蝴蝶结和花边形的头饰位置变了。

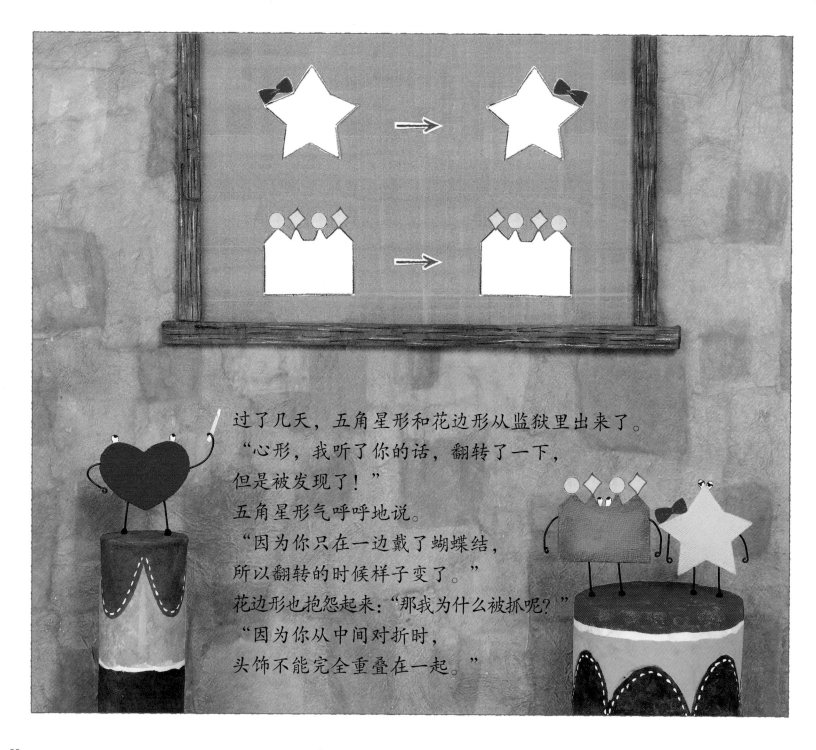

过了几天，五角星形和花边形从监狱里出来了。
"心形，我听了你的话，翻转了一下，
但是被发现了！"
五角星形气呼呼地说。
"因为你只在一边戴了蝴蝶结，
所以翻转的时候样子变了。"
花边形也抱怨起来："那我为什么被抓呢？"
"因为你从中间对折时，
头饰不能完全重叠在一起。"

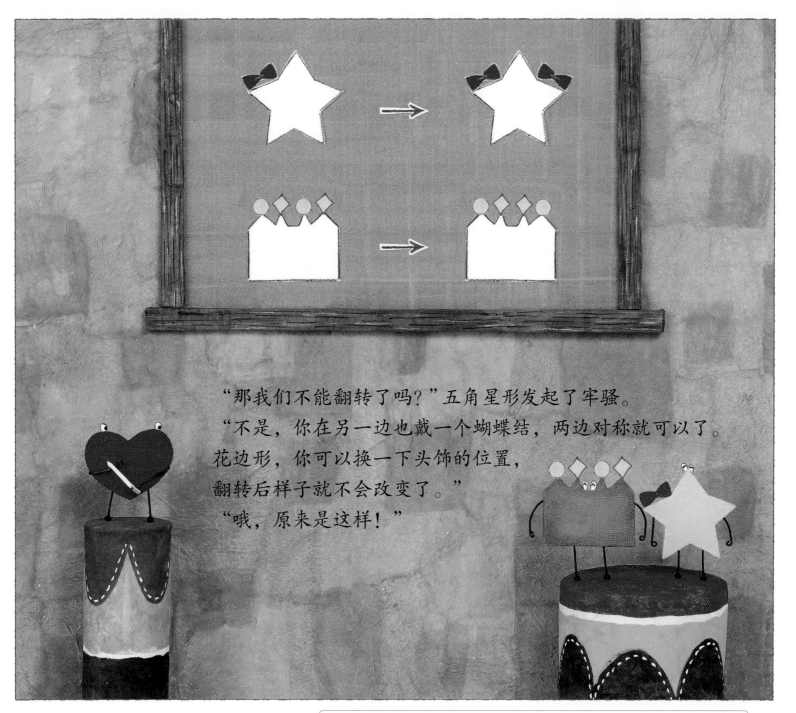

"那我们不能翻转了吗?"五角星形发起了牢骚。

"不是,你在另一边也戴一个蝴蝶结,两边对称就可以了。
花边形,你可以换一下头饰的位置,
翻转后样子就不会改变了。"

"哦,原来是这样!"

五角星形和花边形因为戴了头饰,所以从中间对折后,左右不能完全重叠。让孩子观察对称图
形的特点,了解"对称"的含义。

"一二三，木头人！"
国王又喊了起来。
所有图形都停了下来。
大家趁着国王不注意，小心翼翼地动了起来，
有的快速地翻转了一下，
有的在原地快速旋转一圈。
大家偷偷地动完，都忍不住嗤嗤地偷笑。

"咦，好像有图形动了，但是又和刚才一模一样。"
国王想找出是谁动了，但是怎么也找不到。
不管他喊几遍"一二三，木头人！"结果都一样。
最后，国王能发现他的百姓动了吗？

对折之后，能完全重叠

国王正在欣赏五彩斑斓的蝴蝶画。

但是其中有两只蝴蝶两边的翅膀不一样。

两边翅膀不一样的蝴蝶，

从中间对折之后，不能完全重叠。

试着把蝴蝶的翅膀换一下。

这下从中间对折，就可以完全重叠了。

让图形动起来

试着将饼干向各个方向旋转。

向左旋转半圈。　　向左旋转¼圈。　　　　　　　　　　向右旋转¼圈。　　向右旋转半圈。

试着将饼干向各个方向翻转。

通过将杯子移动、旋转和翻转，得到有规律的图案。

依次平移后的图案。

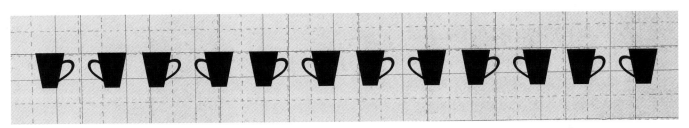

依次向侧面翻转后的图案。

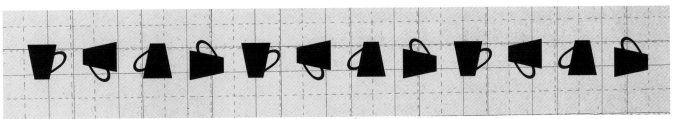

依次向右（顺时针）旋转 $\frac{1}{4}$ 圈后的图案。

对称，图形的平移、翻转和旋转

了解对称的含义，掌握图形的移动

以一条线为中心线，对折后线两边的部分完全重合，这就叫"对称"。对称图形是以一条线为中心线，两边图形对折后能完全重叠的图形。我们看对称图形时，能感受到平衡的美感，这是因为它具有稳定性。试想一下，如果蝴蝶两侧翅膀的大小不对称，它是很难掌握平衡，然后飞起来的。而如果蝴蝶两侧翅膀的颜色不同，人们看见了也会觉得很奇怪。通过这些实例，我们可以知道，人们从出生起就已经拥有了感知对称的能力。

> 蝴蝶看上去有点儿不对劲儿，为什么会这样？

本书中利用多种不同的图形，让孩子学习区分对称图形与非对称图形，并通过观察图形的移动，学习平移、翻转和旋转。

"平移"是指图形进行上下或左右移动。剪一个带叶子的苹果形状的纸片，放在桌上左右移动。移动前后纸片的形状没有改变，只是位置发生了变化。

将苹果图形的纸片翻转一下，原来在右边的叶子出现在了左边。

"旋转"是类似时钟指针的转动。将苹果图形的纸片旋转半圈，这样原来在右上方的苹果叶子就出现在左下方了。

像这样在平面空间里用各种方式来移动图形，能够帮助孩子更好地理解图形的性质。

❀ 数学小游戏

■ 将一张纸对折，沿着对折的中线剪出一半的蝴蝶形状，再展开。然后在蝴蝶两侧的翅膀上画上对称的花纹。

■ 将纸对折后打开，在半边纸上涂上颜料。之后重新对折再打开，让孩子观察发生了什么。

■ 将3张纸分别对折3次，剪出一样的小汽车形状，打开后得到24张一模一样的小汽车纸片。将它们8张为一组，分为3组，按下面的要求来排列。

1.一边说"向旁边移动，移动，再移动"，一边将小汽车如下图那样摆好，让孩子学着你的样子放好剩余的两张纸片。

2.一边说"向着侧面翻转，翻转，再翻转"，一边将小汽车如下图那样摆好，让孩子学着你的样子放好剩余的两张纸片。

3.一边说"向右（顺时针）旋转$\frac{1}{4}$圈，旋转，再旋转"，一边将小汽车如下图那样摆好，让孩子学着你的样子放好剩余的两张纸片。

4.将纸片全部放好后，让孩子观察一下，这三排小汽车的图案有什么区别。

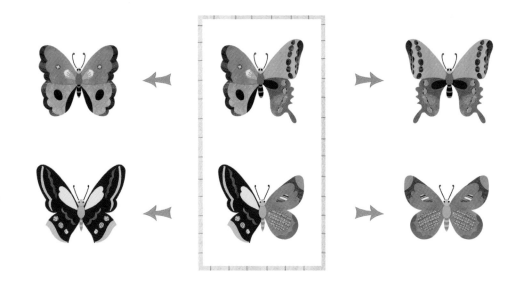

图书在版编目（CIP）数据

蝗虫大婶分年糕 /（韩）罗恩熙著 ;（韩）姜宇根绘;
许美琳译. -- 北京 : 中信出版社, 2021.4
（熊津金牌数学童话. 5-7岁）
ISBN 978-7-5217-2974-0

Ⅰ. ①蝗… Ⅱ. ①罗… ②姜… ③许… Ⅲ. ①数学 –
儿童读物 Ⅳ. ①O1-49

中国版本图书馆CIP数据核字（2021）第050455号

蝗虫大婶分年糕
（熊津金牌数学童话：5～7岁）

著　　者：［韩］罗恩熙
绘　　者：［韩］姜宇根
译　　者：许美琳
出版发行：中信出版集团股份有限公司
　　　　　（北京市朝阳区惠新东街甲4号富盛大厦2座　邮编　100029）
承 印 者：当纳利（广东）印务有限公司

开　　本：880mm×1230mm 1/20　　印　张：24　　字　数：300千字
版　　次：2021年4月第1版　　　　　印　次：2021年4月第1次印刷
京权图字：01-2021-0983
书　　号：ISBN 978-7-5217-2974-0
定　　价：258.00元（全10册）

出　　品：中信儿童书店
图书策划：如果童书
策划编辑：蔡磊
责任编辑：房阳
营销编辑：邝青青　张远
封面设计：李然
内文排版：北京沐雨轩文化传媒有限公司

熊津金牌数学童话：5～7岁

蝗虫大婶分年糕

[韩]罗恩熙 著　[韩]姜宇根 绘　许美琳 译

中信出版集团 | 北京

"捣啊捣，做早饭，捣啊捣，做晚饭。
咚咚咚，捣捣捣。"
从清晨到日暮，
勤快的蝗虫大婶一直在磨坊里咚咚咚地捣石臼，
为了宴请邻居们，她正在不停地捣玉米。

3

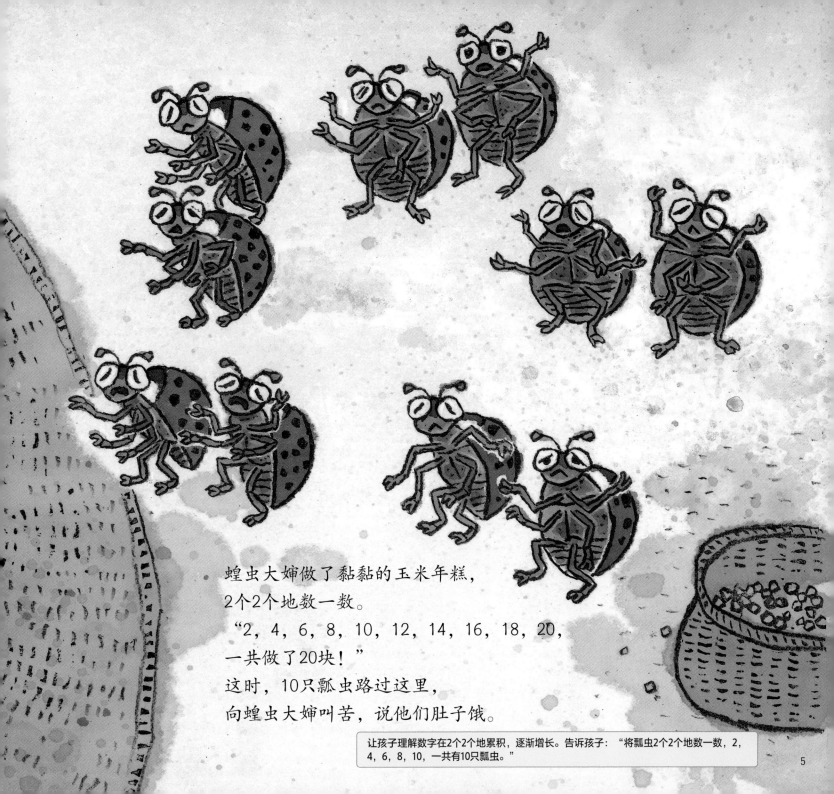

蝗虫大婶做了黏黏的玉米年糕，
2个2个地数一数。
"2，4，6，8，10，12，14，16，18，20，
一共做了20块！"
这时，10只瓢虫路过这里，
向蝗虫大婶叫苦，说他们肚子饿。

让孩子理解数字在2个2个地累积，逐渐增长。告诉孩子："将瓢虫2个2个地数一数，2，4，6，8，10，一共有10只瓢虫。"

心地善良的蝗虫大婶将20块玉米年糕
全部分给了瓢虫们。
"吃吧，吃吧，我还可以再做！"
可是瓢虫们你看看我，我看看你，
谁也不知道该怎么分年糕。
好在蝗虫大婶数数很厉害。
她将玉米年糕平均分给了瓢虫们，
每只瓢虫分到了2块，数量刚刚好。
10只瓢虫吃着美味的玉米年糕，
嘴里一个劲儿地说："谢谢，谢谢！"

让孩子确认，是否每只瓢虫都分到了2块玉米年糕。用手指一只一只地指着瓢虫说："2，4，6，8，…，20，玉米年糕一共有20块。"再让孩子试着这样说："1只瓢虫有2块玉米年糕，2只瓢虫有4块玉米年糕……"

"捣啊捣，做早饭，捣啊捣，做晚饭。
咚咚咚，捣捣捣。"
从清晨到日暮，
勤快的蝗虫大婶一直在磨坊里咚咚咚地捣石臼，
为了宴请邻居们，她正在不停地捣豆子。

蝗虫大婶做了松软的豆子年糕，
3个3个地数一数。
"3，6，9，12，15，18，21，24，
一共做了24块！"
这时，8只椿象路过这里，
向蝗虫大婶叫苦，说他们肚子饿。

试着将椿象两两一组，数一数有几只。再说一说桌子上豆子年糕的每一列摆了几块，
一共有几列。

心地善良的蝗虫大婶将24块豆子年糕全部分给了椿象。
"吃吧，吃吧，我还可以再做。"
可是椿象们你看看我，我看看你，谁也不知道该怎么分年糕。
这次蝗虫大婶也能刚好分完吗？
她先给每只椿象分了4块，
但是还有2只椿象没有分到，他们有点伤心，哭丧着脸。
"这可怎么办？有2只没分到。"

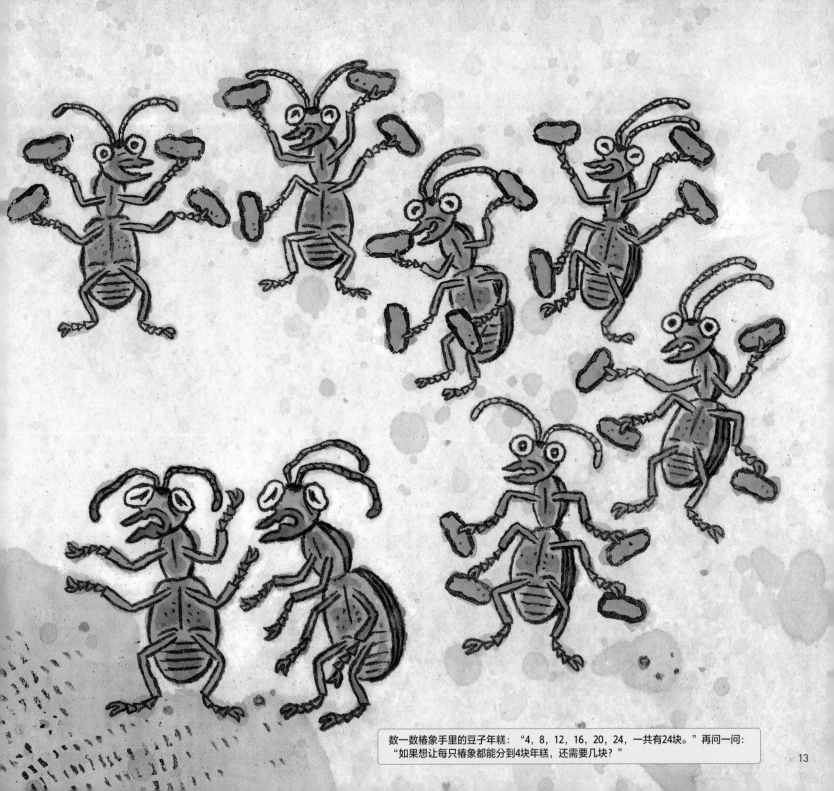

数一数椿象手里的豆子年糕："4，8，12，16，20，24，一共有24块。"再问一问：
"如果想让每只椿象都能分到4块年糕，还需要几块？"

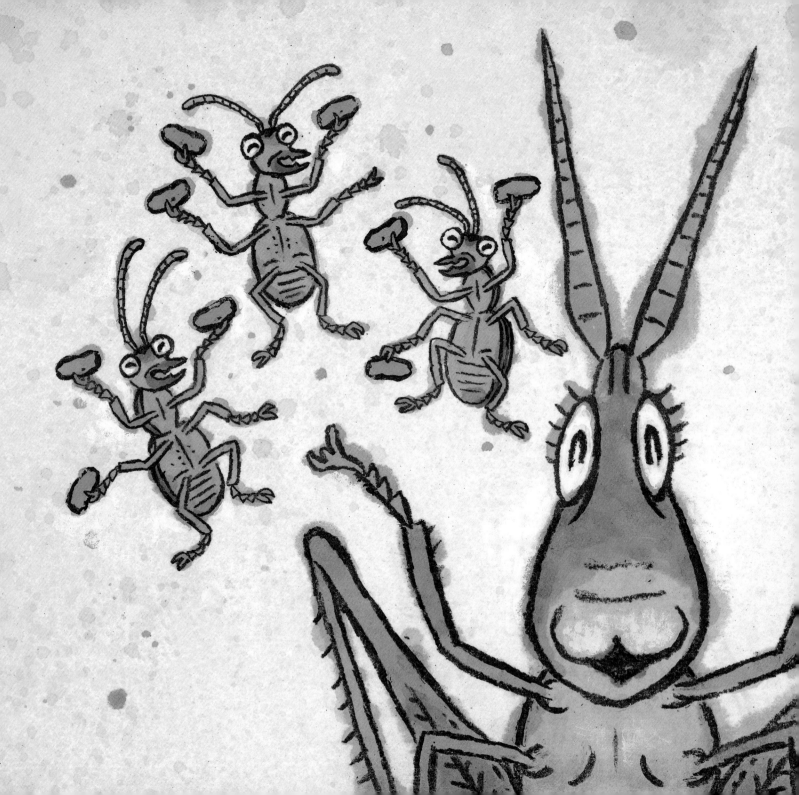

"我得把24块平均分给他们才行。"
蝗虫大婶真的很会数数。
她仔细想了想，
重新给每只椿象分了3块豆子年糕。
"这回数量刚刚好了！"
8只椿象吃着美味的豆子年糕，
嘴里一个劲儿地说："谢谢，谢谢！"

让孩子确认，是否每只椿象都分到了3块豆子年糕。用手指一只一只地指着椿象说："3，6，9，12，15，18，21，24，豆子年糕一共有24块。"再让孩子试着这样说："1只椿象有3块豆子年糕，2只椿象有6块豆子年糕……"

"捣啊捣，做早饭，捣啊捣，做晚饭。
咚咚咚，捣捣捣。"
从清晨到日暮，
勤快的蝗虫大婶一直在磨坊里咚咚咚地捣石臼，
为了宴请邻居们，她正在不停地捣芝麻。

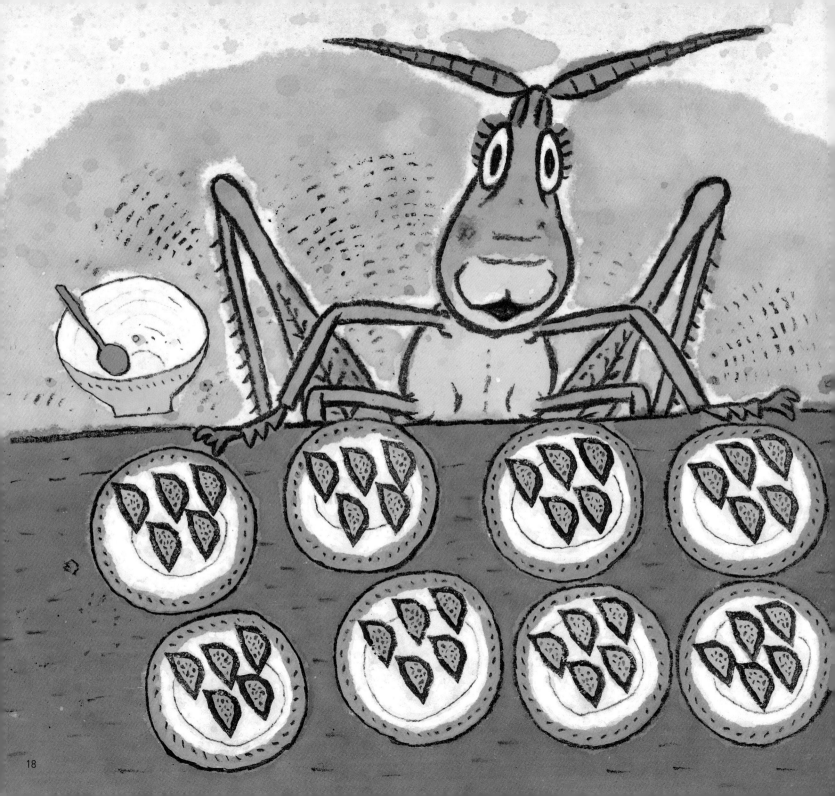

蝗虫大婶做了筋道的芝麻年糕。

5个5个地数一数。

"5，10，15，20，25，30，35，40，45，
一共做了45块！"

这时，9只蜘蛛路过这里，
向蝗虫大婶叫苦，说他们肚子饿。

试着将蜘蛛3只3只地数一数。然后问一问："每个盘子里有几块芝麻年糕，一共有几个盘子？"

心地善良的蝗虫大婶将45块芝麻年糕全部分给了蜘蛛。

"吃吧，吃吧，我还可以再做。"

可是蜘蛛们你看看我，我看看你，

谁也不知道该怎么分年糕。

好在蝗虫大婶数数确实很在行。

"给每只蜘蛛一盘年糕，应该刚好分完。"

可是，蜘蛛们肚子饿得咕咕叫，

他们纷纷吵着说："我想吃8块年糕！"

让孩子确认盘子的数量是否和蜘蛛的数量一致。然后让孩子试着这样说：
"1只蜘蛛分到5块芝麻年糕，2只蜘蛛分到10块芝麻年糕……"

蝗虫大婶真是个热心肠。

她把剩下的芝麻都拿了出来，又做了一些筋道的年糕，
重新8个8个地数一数。

"8, 16, 24, 32, 40, 48, 56, 64, 72,
一共做了72块。"

蝗虫大婶数数真厉害。

芝麻年糕的数量做得刚刚好，
每只蜘蛛都分到了8块。

9只蜘蛛吃着美味的芝麻年糕，
嘴里一个劲儿地说：

"谢谢，谢谢！"

问一问："现在每个盘子里放了几块芝麻年糕？"然后让孩子试着这样
说："1只蜘蛛分到8块芝麻年糕，2只蜘蛛分到16块芝麻年糕……"

"话说回来，我该用什么来做宴会时吃的年糕呢？"
勤劳的蝗虫大婶正在找做年糕的食材，
突然，一只凶巴巴的螳螂闯了进来。
"我也想吃年糕。
饿死了，给我拿100块！"
螳螂很贪心，非要让蝗虫大婶交出100块年糕不可。
"我过一会儿再回来，要是那时还没做好，我饶不了你！"
螳螂扬了扬锋利的"大刀"，大摇大摆地走了。
"我该用什么来做100块年糕呢？"
蝗虫大婶唉声叹气，不知道该怎么办才好。

问一问："100块有多少？"

24

听到蝗虫大婶的叹气声，瓢虫、椿象和蜘蛛们都赶了回来。

"大婶，大婶，我们来帮你吧！"

他们围在一起，小声地商量起来。

"我们做一百块辣椒年糕吧，特别辣特别辣的那种。"

"10，20，30，40，50，60，70，80，90，100，
100块辣椒年糕做好了！"

接着，他们又凑到一起，
悄悄地计划着什么。

准备100枚硬币，让孩子数一数一共有多少。帮着孩子将硬币每10枚垒成一摞，问一问一共有几摞。然后再将这些硬币十个为一组地数一数："10，20，30，40，…，100。"

不一会儿，凶巴巴的螳螂昂首阔步地回来了。
辣椒年糕刚刚从蒸锅里拿出来，看上去非常美味。
螳螂想也没想，抓起一个就塞进嘴里，
他的嘴巴立刻像着了火一样。
"哎哟，辣死我了！"
这时，瓢虫们立刻向螳螂发射"尿尿弹"，
椿象们也使劲放起了臭屁。
螳螂吓坏了，踉踉跄跄地向大门跑去，
没想到又被蜘蛛们吐的丝死死缠住了。

"快！"
蝗虫大婶抬起长长的后腿，
朝螳螂猛地踢了一脚。
"当！"螳螂一下子就被踢飞了。

从那以后，
螳螂只要听到捣东西的声音，
就会逃得远远的。

凑一凑，数一数

每2个为一组，数一数。

🐰	▮	1只兔子有2只耳朵
🐰🐰	▮▮	2只兔子有4只耳朵
🐰🐰🐰	▮▮▮	3只兔子有6只耳朵
🐰🐰🐰🐰	▮▮▮▮	4只兔子有8只耳朵
🐰🐰🐰🐰🐰	▮▮▮▮▮	5只兔子有10只耳朵
🐰🐰🐰🐰🐰🐰	▮▮▮▮▮▮	6只兔子有12只耳朵
🐰🐰🐰🐰🐰🐰🐰	▮▮▮▮▮▮▮	7只兔子有14只耳朵
🐰🐰🐰🐰🐰🐰🐰🐰	▮▮▮▮▮▮▮▮	8只兔子有16只耳朵
🐰🐰🐰🐰🐰🐰🐰🐰🐰	▮▮▮▮▮▮▮▮▮	9只兔子有18只耳朵
🐰🐰🐰🐰🐰🐰🐰🐰🐰🐰	▮▮▮▮▮▮▮▮▮▮	10只兔子有20只耳朵

每3个为一组，数一数。

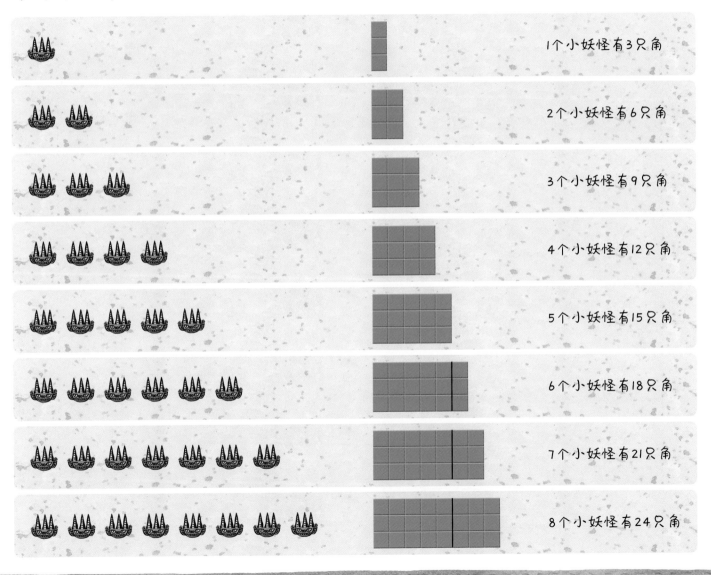

1个小妖怪有3只角

2个小妖怪有6只角

3个小妖怪有9只角

4个小妖怪有12只角

5个小妖怪有15只角

6个小妖怪有18只角

7个小妖怪有21只角

8个小妖怪有24只角

每4个为一组，数一数。

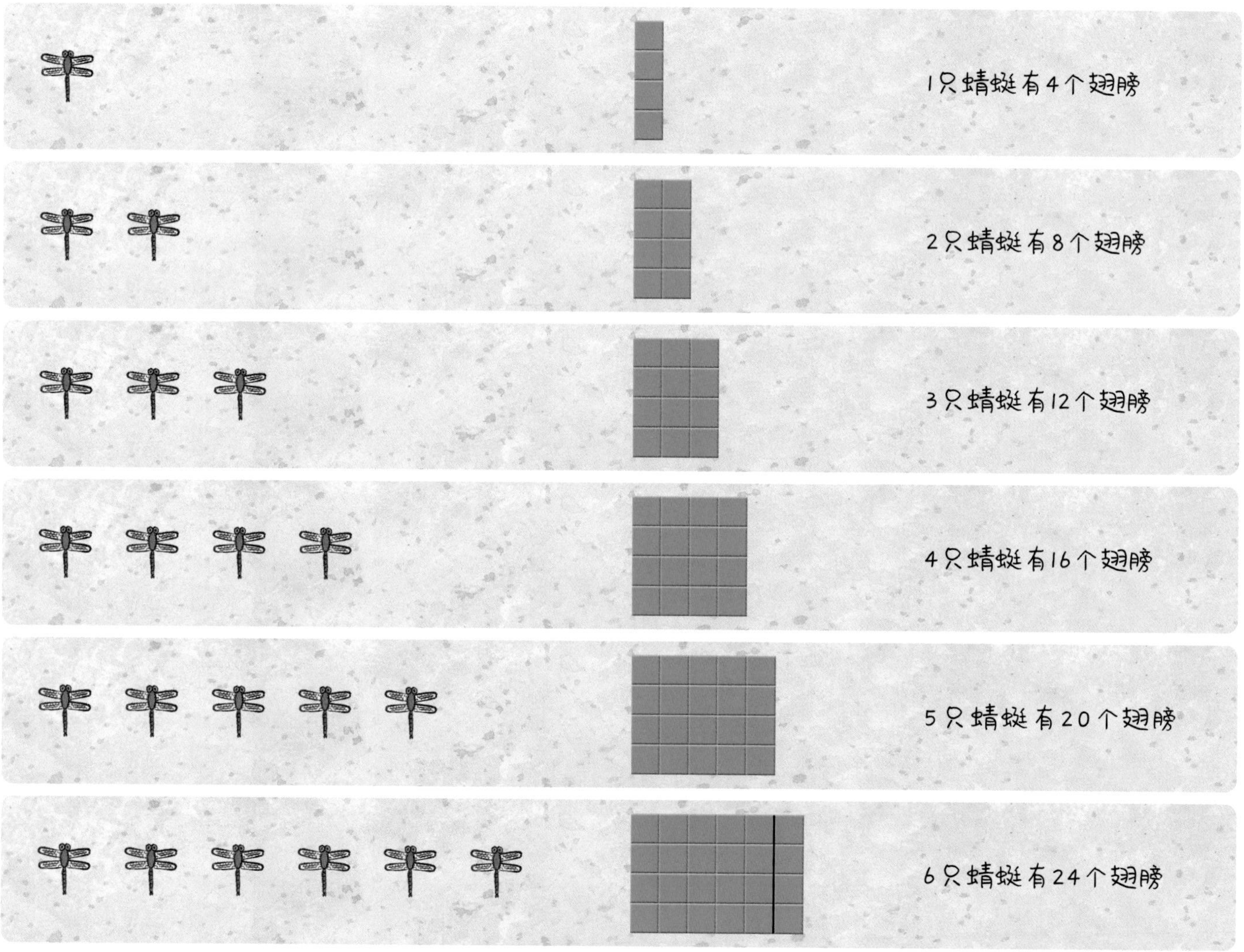

1只蜻蜓有4个翅膀

2只蜻蜓有8个翅膀

3只蜻蜓有12个翅膀

4只蜻蜓有16个翅膀

5只蜻蜓有20个翅膀

6只蜻蜓有24个翅膀

每5个为一组，数一数。

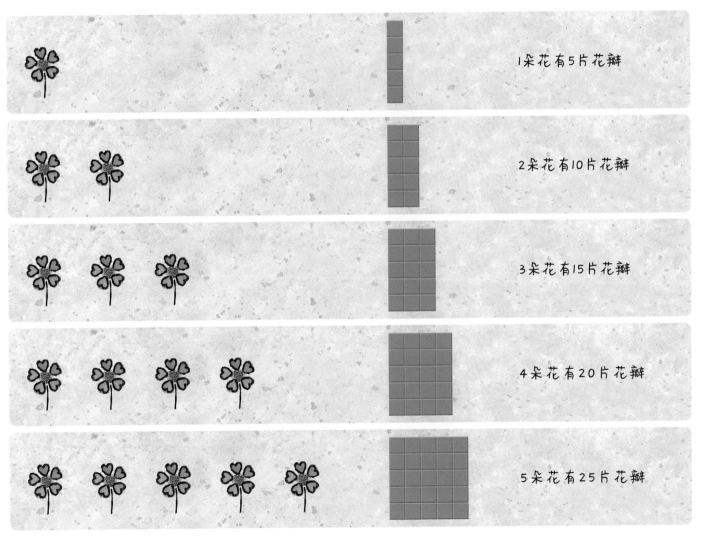

1朵花有5片花瓣

2朵花有10片花瓣

3朵花有15片花瓣

4朵花有20片花瓣

5朵花有25片花瓣

 **按组计数和0分组计数**

了解乘法和除法的基础

随着数字的增大，一个一个地数数非常麻烦，而且容易数乱。那么，有更好的计数方法吗？遇到这样的情况，我们通常将事物分成固定数量的组，然后再数。按2个、3个，或是4个……分成组后，数起来更快，也更方便。这样按组计数的思维方式就是乘法的基础。这本书向孩子介绍了2个一组、3个一组、4个一组、5个一组、8个一组、10个一组等方法。2个一组、3个一组、5个一组是按组计数的基础，幼儿园的孩子掌握到这个程度即可，其他按组计数可以等他们上学后逐步掌握。

 1只兔子有2只耳朵

 2只兔子有4只耳朵

 3只兔子有6只耳朵

 4只兔子有8只耳朵

在学习按组计数时，练习唱"2，4，6，8，10……"这样的数字儿歌对孩子很有帮助，但更重要的是要让他们明白，在按组计数的过程中，数是在成倍增长的。要通过实际的例子，让他们亲眼看到"当有一个2的时候，是2；有两个2的时候，是4……"，而不能仅仅将"2，4，6，8，10……"停留在口头上。这样才能帮助他们在脑海中形成"数是在有规律地增长"的概念。

这本书中也提到了作为"除法的基础"的分组计数，分组计数有两种方法。

第一种方法，将12个苹果分给4位小朋友，按顺序每人每次分到一个，看一看最终每人能分到几个。

第二种方法，同样是12个苹果，如果给每个小朋友分4个，看一看能分给几个小朋友。

熟悉按组计数和分组计数，可以帮助孩子自然地理解乘法和除法。

✿ 数学小游戏

■ 准备6张画着小兔子的卡片，让孩子试着"两两一组"地练习按组计数。

1. 将所有卡片都放在桌上，告诉孩子："每只兔子有2只耳朵，这只有2只耳朵，那只也有2只耳朵……"

2. 让孩子来数一数，一共有几只耳朵。一边拿起卡片，一边数："2，4，6，8，10……"

3. 最后告诉孩子："一共有12只耳朵。"

■ 准备4个玩偶和12颗糖果，让孩子练习分组计数。

1. "1颗，1颗，1颗，1颗。再来1颗，1颗，1颗，1颗。再来1颗，1颗，1颗，1颗。"边说边将糖果一次1颗地分给四个玩偶。之后指着每个玩偶说："它有3颗，它有3颗，它有3颗，它也有3颗。每个玩偶都分到了3颗糖果。"

2. 重新将糖果4颗4颗地分给玩偶。"4颗，4颗，4颗，咦？有一个玩偶一颗糖果也没拿到。" 接着问问孩子："我们这次给每个玩偶分3颗糖好吗？"然后，重新将糖果3颗3颗地分给玩偶。"3颗，3颗，3颗，3颗，每个玩偶都分到了3颗糖果。"

图书在版编目（CIP）数据

魔法水果店 /（韩）任裕珍著；（韩）闵恩贞绘；
许美琳译. -- 北京：中信出版社，2021.4
（熊津金牌数学童话. 5-7岁）
ISBN 978-7-5217-2974-0

Ⅰ.①魔… Ⅱ.①任… ②闵… ③许… Ⅲ.①数学 –
儿童读物 Ⅳ.①O1-49

中国版本图书馆CIP数据核字（2021）第050436号

魔法水果店
（熊津金牌数学童话：5～7岁）

著　　者：[韩] 任裕珍
绘　　者：[韩] 闵恩贞
译　　者：许美琳
出版发行：中信出版集团股份有限公司
　　　　　（北京市朝阳区惠新东街甲4号富盛大厦2座　邮编　100029）
承 印 者：当纳利（广东）印务有限公司

开　　本：880mm×1230mm 1/20　　印　张：24　　字　数：300千字
版　　次：2021年4月第1版　　印　次：2021年4月第1次印刷
京权图字：01-2021-0983
书　　号：ISBN 978-7-5217-2974-0
定　　价：258.00元（全10册）

出　　品：中信儿童书店
图书策划：如果童书
策划编辑：蔡磊
责任编辑：房阳　　　　　　　　　　　　版权所有·侵权必究
营销编辑：邝青青　张远　　　　　　　　如有印刷、装订问题，本公司负责调换。
封面设计：李然　　　　　　　　　　　　服务热线：400-600-8099
内文排版：北京沐雨轩文化传媒有限公司　投稿邮箱：author@citicpub.com

熊津金牌数学童话：5～7岁

魔法水果店

[韩]任裕珍 著　[韩]闵恩贞 绘　许美琳 译

中信出版集团 | 北京

梨
一个4元

小西红柿
一盒8元

柿子
一个3元

今日特价

旦旦家在公园附近开了一间小水果店。

今天妈妈生病了，得去趟医院，旦旦要一个人看店。

"妈妈很快就回来。如果有人来买水果，
你按价签上的价格卖就行了。"

"可我想出去玩……"

梨
个 4 元

小西红柿
一盒 8 元

柿子
一个 3 元

今日特价

丁零，丁零！
终于有人来了，是一位留着络腮胡子的叔叔。
他看起来很凶，旦旦害怕得不得了。
"有新鲜的苹果吗？"
叔叔踩着皮鞋啪嗒啪嗒地走过来，大声问道。
"那边就有。"旦旦犹豫了一下，指了指苹果说。

拿出10元、5元、1元的钱币，告诉孩子每一种钱币的面值，然后指着桌上的树叶、橡子、
松果和鹅卵石，跟孩子说："我们来约定一下，大的相当于10元，中的5元，小的1元。"

"苹果多少钱一个？"

"3元，3枚1元的硬币。"旦旦有点迟疑。

"那么，3个苹果应该是9元吧，也就是9枚1元的硬币。"

叔叔把硬币放在桌上，边向外走边说："小朋友，生意兴隆哟。"

旦旦提着的心这才放了下来。

问问孩子："3元是3枚1元的硬币，那几枚1元的硬币是4元？"

叔叔走后，旦旦迅速在脑海中把收到的硬币数了一遍。

把1元的硬币
3个3个一起数，
3，6，9，
一共9个，是9元。

刚刚好！

下雨不担心！
穿上雨靴不湿脚。

买一个苹果需要3枚1元硬币，买3个苹果需要几枚1元硬币呢？让孩子用"捆绑计数"的方法想一想。再考考孩子，假如买1支铅笔需要2枚1元硬币，一共2元，那买4支铅笔需要几枚1元硬币呢？请引导孩子用"捆绑计数"的方法思考并回答。

丁零，丁零！

"是谁呢？"

一头大熊挥着爪子走了进来。

旦旦看到大熊，吓了一跳。

"我想给孩子买双漂亮的鞋，有合适的吗？"

"我们家不卖鞋呀。"

"鞋店怎么会不卖鞋呢？"

哎呀，真是怪了，水果店不知道什么时候变成鞋店了。

"这双鞋不错。"大熊拿起一只红色的鞋，用树叶量了量鞋的长度。
"我家孩子的脚有两片树叶那么长，这鞋有三片长了，肯定大了。"
大熊又看了看旁边柜台里的鞋，说：
"那边那双应该正合脚。"

熊在用长度相同的树叶测量鞋子的长度，这不是标准单位。
告诉孩子，3片叶子放在一起比2片叶子要长。

"这双鞋多少钱？"

旦旦看了看鞋子上的价签，说："24元。"

大熊说："那我给你2片大树叶和4片小树叶就够了吧。"

我家孩子肯定喜欢！"

大熊说着，放下树叶就走了。

蛋糕
一个60元

小面包、
甜甜圈
一个7元

面包
一个20元

今日特价

丁零，丁零！

"又是谁呢？"

三只松鼠推开门走了进来。

"哎哟，好饿呀！好想吃甜甜的蛋糕呀！
你们家最好吃的蛋糕是哪一种啊？"

"我们家不卖蛋糕。"

"蛋糕店不卖蛋糕？别开玩笑了！"

哎呀，真是怪了，鞋店不知道什么时候又变成了蛋糕店。

问一问孩子："店里来了几只松鼠？""如果把货架上的甜甜圈平均分给三只松鼠，每只
能分到几个呢？"再问问货架上的蛋糕分别切成了几块。

松鼠们看着蛋糕说：

"切成4块的蛋糕，我们三个不能平均分着吃。"

"那我们买这个黄色的红薯蛋糕吧，

切成6块，我们三个刚好每人吃2块。"

说完，松鼠们高兴地蹦了起来。

切成4块的蛋糕，每只松鼠分1块，还剩1块。让孩子试着回答还能买哪种蛋糕，三只松鼠各能分到几块。

"红薯蛋糕多少钱？"
旦旦看了看价签，说："60元。"
松鼠们想快点回家吃蛋糕，
分别留下了2颗大橡子就走了。

"一共要付60元的话，每只松鼠要付多少钱？"一边问，一边让孩子用6张10元的纸币重演松鼠们付账的过程。

15

一盒
15元

今日特价

丁零，丁零！
"这次又会是谁呢？"
只见三只田鼠兴冲冲地走了进来。
"我们想给女朋友送礼物，有好看的巧克力吗？"田鼠们害羞地问。
"巧克力？"
可不嘛，蛋糕店不知道什么时候已经变成了巧克力店。

问一问："货架上都放了什么形状的巧克力？"

田鼠们挑选了喜欢的巧克力，
分别装进了自己的盒子里。
"我的包装一定是最漂亮的！"
田鼠们美美地哼着歌。

"一盒巧克力多少钱？"

旦旦看了看价签，说："15元。"

田鼠们分别留下几个松果，然后离开了。

"她们收到巧克力肯定很高兴！"

让孩子说出盒子里巧克力的摆放规律：拐杖形巧克力摆放的方向一致；房子形巧克力摆放方向左右翻转；树形巧克力摆放方向依次顺时针旋转了四分之一圈（90度）。还要让孩子知道，虽然每只田鼠都买了一盒巧克力，但是支付的松果个数不同。

田鼠们走了以后，旦旦迅速在脑海中把收到的松果数了一遍。

让孩子知道，10个1元等于1个10元，5个1元等于1个5元。

嘎吱，嘎吱！

门外传来一阵声响。

旦旦急忙跑去开门。

"咦，门怎么打不开了？"原来是麻雀一家。

"嗯，花好香啊！咱们选一些漂亮的花，把房间好好装扮一下吧！"

旦旦耸了耸鼻子，也闻到了阵阵花香。

没错，巧克力店不知道什么时候又变成了花店。

问一问："店里来了几只麻雀，都系着什么颜色的蝴蝶结？"

"像我们这么时髦的麻雀，最喜欢花了！该选什么样的呢？"
"我觉得玫瑰花、菊花和向日葵都不错。"
"各买几朵怎么样？"
麻雀们叽叽喳喳地说着自己想要的花。

问一问："麻雀们分别想买几朵花？"

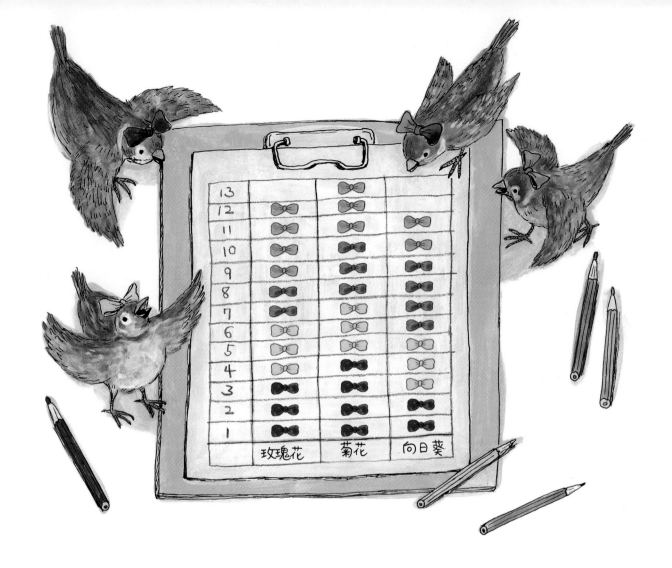

旦旦摇摇头说：

"我数不清你们都要几朵玫瑰花、菊花和向日葵。"

"那做个表格吧！"

旦旦做了一张表格，在麻雀们想买的花上方画上不同颜色的蝴蝶结。

观察表格，问一问："麻雀们想买的最多的是什么花？最少的是什么花？"表格左边的数字代表花的数量，告诉孩子："玫瑰花一栏的蝴蝶结画到12格，所以一共要买12朵。"

"呀，一看就知道每种花需要多少朵了！"
"玫瑰花12朵，菊花13朵，向日葵11朵，一共36朵！"

玫瑰花	菊花	向日葵
12	13	11

看图说一说，玫瑰花、菊花、向日葵，每种各买了多少朵。

"一共多少钱？"

花上并没有贴价签。

旦旦支支吾吾地说："呃……48元。"

"呀，真便宜，真便宜！"

麻雀们兴奋地讨论着如何用花来装饰房间，

留下了几枚鹅卵石就走了。

让孩子试着用家里的纸币凑出48元。可以用"4张10元和8张1元"或者"4张10元，1张5元，再加3张1元"等方式。

麻雀们走了以后，
旦旦迅速在脑海中把收到的鹅卵石数了一遍。

大鹅卵石4颗，
中鹅卵石1颗，
小鹅卵石3颗，
一共48元，

刚刚好！

苹果
一个3元

想一想，孩子刚才用钱币凑出的48元，与麻雀用鹅卵石
支付的48元形式是否相同。

梨
一个 4 元

小西红柿
一盒 8 元

柿子
一个 3 元

今日特价

丁零，丁零！
"还会是动物顾客吗？"
不，是那个买苹果的叔叔又回来了。
"小朋友，我想再买点水果。"
"嗯？水果？"
呀，花店不知道什么时候又变回了水果店。

"6个柿子多少钱？"

"柿子一个3元。"

"那6个就应该是18元。给，两张10元的纸币。"

叔叔放下钱就要走。

旦旦连忙叫住他："叔叔，找您2元钱！"

叔叔呵呵地笑着说："小朋友，你算得真不错。"

柿子3元一个，想买2个需要几枚1元硬币？在每个柿子旁边放3元，然后合在一起，再拿出其中的10枚1元硬币换一张10元纸币。用这样的方法算一算6个柿子需要多少钱。

叔叔走了之后，
旦旦又在脑海中把收到的钱币数了一遍。

这是柿子的钱，这是找的零钱。

把2张10元纸币中的1张换成10枚1元硬币，然后再减掉18元，试着算一算还剩多少。

丁零，丁零！
门又开了。
"欢迎光临！"
旦旦回头一看，高兴地喊了起来："妈妈！"

"一个人看店还好吗？"
"当然，瞧，我收了这么多钱！"
旦旦兴高采烈地拿出了宝箱。
"真不错，旦旦太能干了！"
妈妈把旦旦紧紧地抱在怀里。

买生日礼物

"敏儿的生日是哪天呢？"
旦旦看着日历。
"今天是5月10日，星期三，那明天就是敏儿的生日啦！"

好朋友敏儿的生日是几月几日星期几？

敏儿的生日是5月11日，星期四。

"给敏儿送什么生日礼物好呢？"
旦旦打算用存钱罐里的硬币买礼物。
摇一摇，存钱罐发出丁零当啷的声响。
旦旦把硬币从存钱罐里取了出来。

一共有多少钱呢？

一共有8元。

旦旦来到文具店挑选生日礼物。

"有贴纸、铃铛头绳、梳子和镜子，
还有记事本。

啊，太漂亮了！8元能买什么呢？"

旦旦仔细想了想。

"买贴纸和铃铛头绳怎么样？"

买一张贴纸和一袋铃铛头绳需要多少钱？

一张贴纸2元，
需要2枚1元硬币。
一袋铃铛头绳4元，
需要4枚1元硬币。
一共6元，
需要6枚1元硬币。

旦旦买了贴纸和铃铛头绳。

贴纸2元

铃铛头绳4元

一共6元

还剩多少钱?

剩下的2元应该
放回存钱罐里。

货币（钱）

通过钱来学习数字和数数

　　虽然我们在生活中直接使用钱币的时候越来越少，但钱仍然是帮助孩子学习数字和数数的好工具。大一点的孩子可能已经认识了1角、5角、1元、5元、10元、50元、100元等不同面值的钱币，但很少能够具体知道这些钱币价值上的区别。关于钱币价值，很重要的一点是要让孩子明白，钱币面值的大小和钱本身的大小并没有直接关系。

现在，我们已经充分学习了数与量的关系。在这本书里，我们将以钱的价值为例，重点学习量的具体概念。

首先，要让孩子知道几十元是几张10元的纸币，还要让他们知道，钱越多能买的东西就越多。有机会可以锻炼孩子用10元和1元的钱币一起来支付。比如，支付24元，需要2张10元纸币和4枚1元硬币。

之后再来让孩子学习不同的支付方法。比如，用几种不同的方法来支付15元：可以用15枚1元硬币，或是1张10元纸币加1张5元纸币，也可以用1张10元纸币加5枚1元硬币，还可以直接用3张5元纸币……家长可以进行简单的说明，让孩子一点一点地理解。

代表钱价值的单位是整个社会约定俗成的。为了让孩子能自然地适应这种约定，在这本书中，我们用树叶、橡子等来代替钱币。

此外，书中还运用了其他一些数学方法，比如分类计数、非标准单位测量（用树叶测量鞋的长度）、做图表等。

✿ 数学小游戏

■ 请准备20枚1元的硬币、10张5元的纸币、10张10元的纸币以及能装下这些钱的小桶，之后分别数一数有多少钱。
1.将15枚1元的硬币依次放进桶里，数一数有多少钱。
2.将4张5元的纸币依次放进桶里，数一数有多少钱。
3.将10张10元的纸币依次放进桶里，数一数有多少钱。
4.将20枚1元的硬币5枚5枚地放进桶里，数一数有多少钱。
5.将10张5元的纸币2张2张地放进桶里，数一数有多少钱。

■ 商店小游戏
请准备铅笔、橡皮、彩纸、橘子、糖果等，和孩子一起玩商店小游戏。如图所示，一起约定好每个物品的单价，并写在纸上裁剪下来。

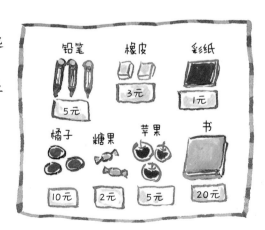

1. 问一问："买一本书需要支付几张10元纸币？""买一支铅笔需要支付几个1元硬币呢？"
2. 让孩子试着买一张彩纸和一块橡皮。在彩纸上放1元，在橡皮上放3元，说："一共是4元。"试着用同样的方法买其他物品。
3. 买一本书，让孩子试着用1元、5元、10元的钱币组合成不同的支付方法。
4. 买2块橡皮，并支付1张10元的纸币。之后将10元的纸币换成10枚1元的硬币，让孩子说一说应该找回多少钱。

图书在版编目（CIP）数据

谁偷了假牙？/（韩）金长成著；（韩）郑泰琏绘；
许美琳译. -- 北京：中信出版社，2021.4
（熊津金牌数学童话. 5-7岁）
ISBN 978-7-5217-2974-0

Ⅰ.①谁… Ⅱ.①金…②郑…③许… Ⅲ.①数学－
儿童读物 Ⅳ.①O1-49

中国版本图书馆CIP数据核字（2021）第050444号

웅진 어린이수학동화－도깨비산의 틀니 소동
Text © Kim Jangsung, 2007
Illustration © Jeong Taeryun, 2007
All rights reserved.
This Simplified Chinese Edition was published by CITIC Press Corporation in 2021, by arrangement with
Woongjin Think Big Co., Ltd. through Rightol Media Limited.
(本书中文简体版权经由锐拓传媒旗下小锐取得 Email:copyright@rightol.com)

本书仅限中国大陆地区发行销售

谁偷了假牙？
（熊津金牌数学童话：5~7岁）

著　　者：[韩]金长成
绘　　者：[韩]郑泰琏
译　　者：许美琳
出版发行：中信出版集团股份有限公司
　　　　　（北京市朝阳区惠新东街甲4号富盛大厦2座　邮编　100029）
承 印 者：当纳利（广东）印务有限公司

开　　本：880mm×1230mm 1/20　　印　张：24　　字　数：300千字
版　　次：2021年4月第1版　　印　次：2021年4月第1次印刷
京权图字：01-2021-0983
书　　号：ISBN 978-7-5217-2974-0
定　　价：258.00元（全10册）

出　　品：中信儿童书店
图书策划：如果童书
策划编辑：蔡磊
责任编辑：房阳　　　　　　　　　　　　版权所有·侵权必究
营销编辑：邝青青　张远　　　　　　　　如有印刷、装订问题，本公司负责调换。
封面设计：李然　　　　　　　　　　　　服务热线：400-600-8099
内文排版：北京沐雨轩文化传媒有限公司　　投稿邮箱：author@citicpub.com

熊津金牌数学童话：5~7岁

谁偷了假牙?

[韩]金长成 著　[韩]郑泰琏 绘　许美琳 译

中信出版集团 | 北京

从前有一座鬼神山，山里住着很多妖怪，
有独角妖怪、两只角妖怪、三只角妖怪，
有管理鬼神山的山神大人，
还有活了近一千年的麻姑奶奶。
他们和各种各样的动物生活在一起，
每天吵吵闹闹，生活得很快乐。

有一天早上，鬼神山里闹翻了天。

原来，山神大人的家里竟然闯进了小偷。

这小偷别的没偷，偏偏偷走了山神大人的假牙。

"谁偷了我的假由（牙）？

等我抓到他，有他好果子抽（吃）！"

山神大人没有了假牙，

说起话来就像个合不上嘴的老奶奶。

注：为了让孩子读起来更有趣，我们故意将山神大人的话写成了没有牙的老奶奶说话的感觉。

山神大人将鬼神山里所有的妖怪和动物都叫了过来。
"到底是哪个家伙偷了我的假由（牙）？
要是没有人站出来，
你们将全部受到惩佛（罚）！"
山神大人一声令下，
所有的妖怪和动物都吓得瑟瑟发抖。

看图说一说都有什么样的妖怪和动物，要描述出他们的特征，比如长灰耳朵的白兔，穿着条纹衣服的独角妖怪。

这时，一只兔子蹦蹦跳跳地跑上前，说：
"昨晚我睡不着，出来赏月，
看到有人从山神大人的家里溜出来。
别的没看清，但是我看到他头上有犄角。"
"哦？是吗？我知道了！"
山神大人想了一会儿，大声喊道，
"头上没长角的可以肘（走）了！"

说一说，为什么山神大人把没有角的动物全都放走了，又有谁留下来了。

可是长着角的可不止一两个。

"哎呀，这么多，怎么才能知道谁是小偷？"

山神大人无奈地摇了摇头。

这时，一头小鹿蹦蹦跳跳地跑上前，说：

"昨晚我出来尿尿，

看到有人从山神大人的家里溜出来。

虽然没仔细看，但是我看到他是用两条腿走路的。"

听到这里，山神大人又喊了一声：

"两条腿的留下，其余的可以肘（走）了！"

长着角，还用两条腿走路的，只剩下妖怪们了。

但是妖怪也不止一两个啊。

"还有这么多，怎么才能知道到底谁才是小偷呢？"

山神大人又摇了摇头。

这时，一只猫头鹰扑棱着翅膀飞了过来，说：

"昨晚我去捕猎，

看到有人从山神大人的家里溜出来。

虽然只看了一眼，但是我看到他穿着蓝色条纹的衣服。"

山神大人又对着妖怪们说：

"没穿蓝色条纹衣服的妖怪可以肘（走）了！"

找一找，哪些妖怪没有穿蓝色条纹衣服，再说一说其他妖怪穿着什么样的衣服。

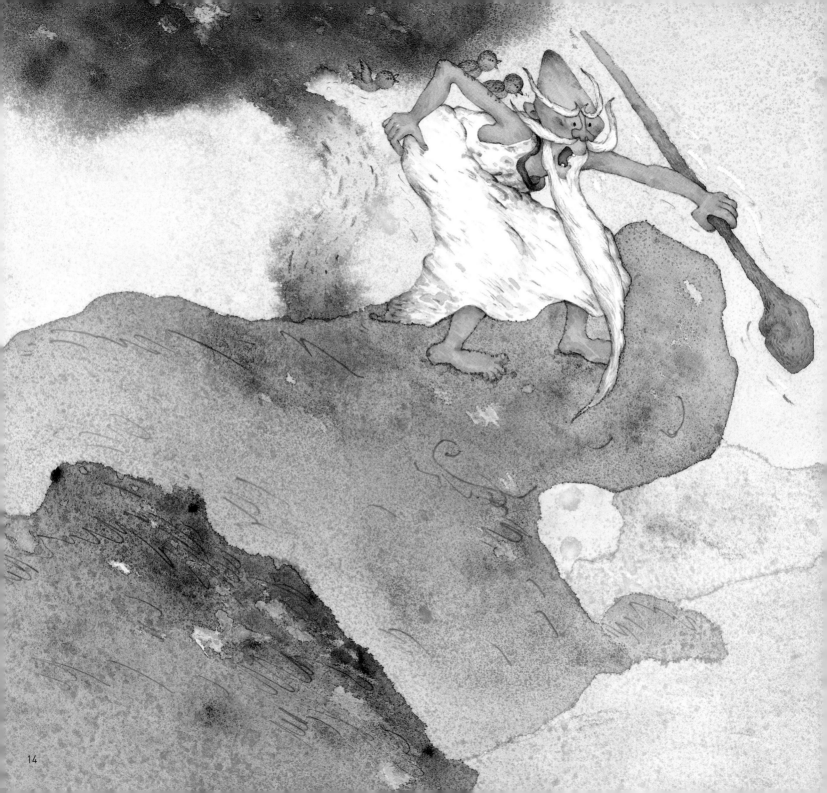

穿着蓝色条纹衣服的妖怪也不止一两个。

"哎呀呀！到底怎么才能知道谁是小偷？"

山神大人再一次摇了摇头。

这时，一群麻雀飞了过来，说：

"昨晚我们出来觅食，

看到有人从山神大人的家里溜出来。

虽然没看清楚，但是我们看到他留着绿色的卷发。"

山神大人对妖怪们说：

"绿色卷发的留下，其他妖怪可以肘（走）了！"

如果要留下绿色卷发的妖怪，那什么样的妖怪可以离开呢？请把他们一一指出来，并说出理由。例如：
他的头发是红色的，不是绿色的，所以可以离开；他的头发是绿色的，但不是卷发，所以也可以离开。

15

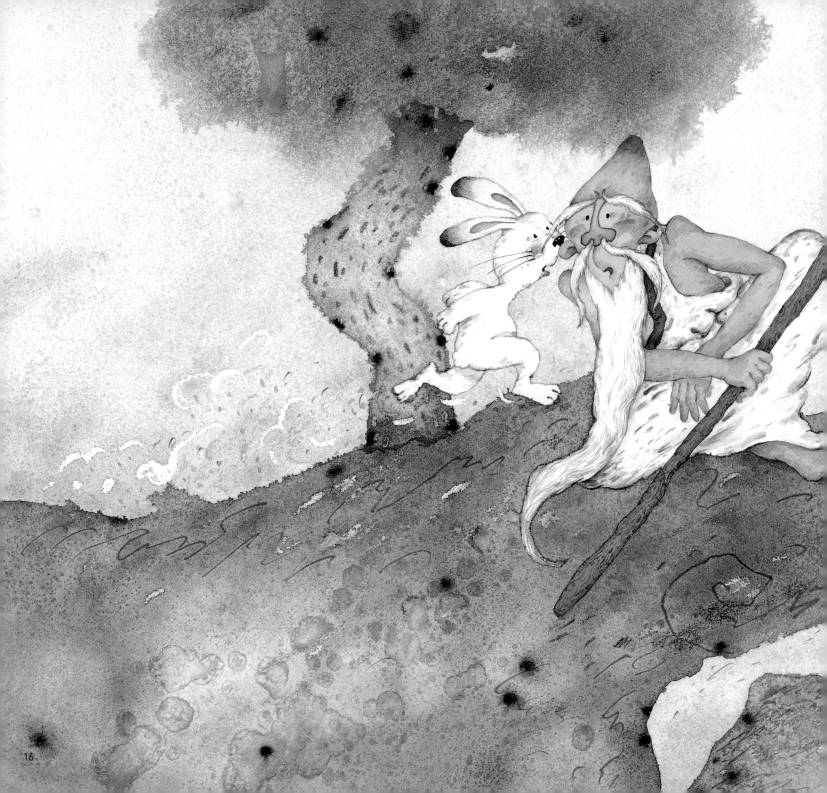

留着绿色卷发的妖怪还有七个。

"哎呀呀！现在还是没办法知道谁是小偷！
偷走假牙的家伙，还不赶快承肉（认）？"
山神大人跺着脚，大声叫喊。
这时，兔子又蹦蹦跳跳地跑了回来，说：
"刚刚我忘记说了，那个家伙的头上有……"

问一问："剩下的妖怪头上各有几只角？"再问一问："如果让头上犄角数量一样的妖怪成为好朋友的话，那么谁和谁会是好朋友呢？"

17

就在这时，

头上长着三只角的妖怪跑了出来，哆哆嗦嗦地说：

"是……是我偷的，山神大人。

求……求求您，原……原谅我一次吧。"

"你这个可恶的家呼（伙）！为什么不早收（说）？"

山神大人呵斥道。

三只角的妖怪吸着鼻子，抽抽搭搭地说起事情的经过。

请让孩子描述一下，跪在山神大人面前的妖怪长什么样，试着将前面提到过的条件都加上，综合地说一说。说出"有两条腿，穿着蓝色条纹的衣服，长着绿色的卷发，头上还长着三个犄角"就可以了。

19

"其……其实，昨晚麻姑奶奶来找我。
她给了我很多好吃的饼干和糖果，让我帮她取回借给您的假牙。
她还说假牙就在您的枕边，直接拿过来就行。
都怪我相信了麻姑奶奶的话，呜呜，
刚才山神大人在气头上，
所以我才不敢说实话，呜呜呜……"

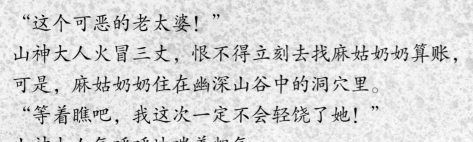

"这个可恶的老太婆！"
山神大人火冒三丈，恨不得立刻去找麻姑奶奶算账，
可是，麻姑奶奶住在幽深山谷中的洞穴里。
"等着瞧吧，我这次一定不会轻饶了她！"
山神大人气呼呼地喘着粗气，
踏着祥云向麻姑奶奶住的山谷出发了。

山谷中出现了很多他从没见过的瀑布和洞穴。
"哎呀呀！麻姑奶奶居然还施了法术。
以为这样我就找不到她了？"
山神大人眼珠一转，
想起自己曾经去过麻姑奶奶的洞穴做客。
"我记得她的洞穴在两道瀑布和一棵树之间……
对！就是那个洞穴！"

找出在两道瀑布和一棵树之间的洞穴。

25

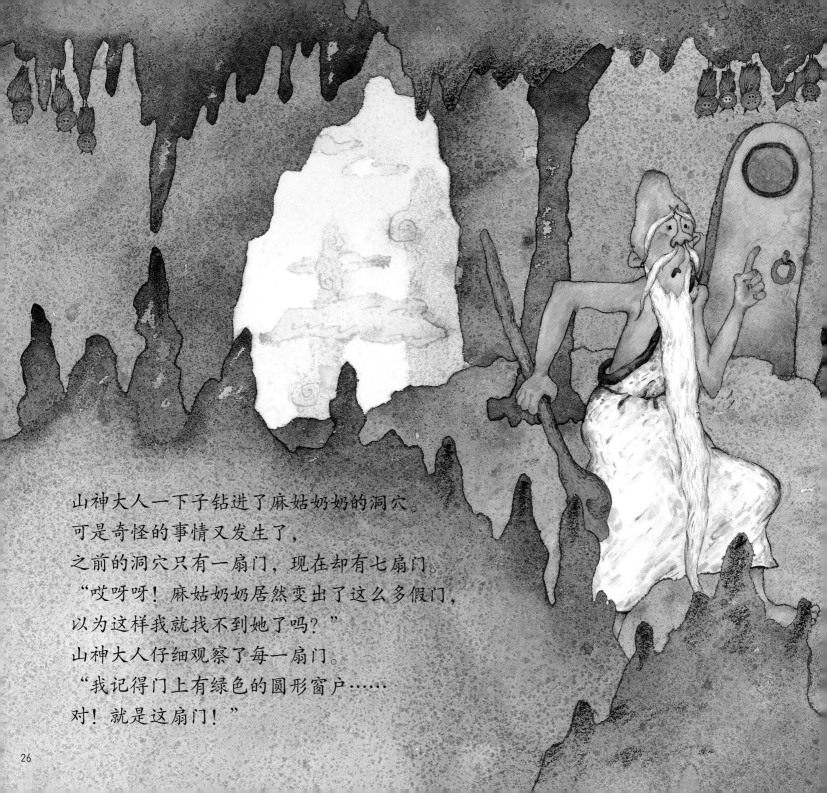

山神大人一下子钻进了麻姑奶奶的洞穴。
可是奇怪的事情又发生了，
之前的洞穴只有一扇门，现在却有七扇门。
"哎呀呀！麻姑奶奶居然变出了这么多假门，
以为这样我就找不到她了吗？"
山神大人仔细观察了每一扇门。
"我记得门上有绿色的圆形窗户……
对！就是这扇门！"

首先找出带圆形窗户的门，之后在其中找出有绿色窗户的，和孩子一起确认说："有绿色的圆形窗户的门。"

27

山神大人一把推开门冲了进去：
"可恶的老太婆！快把我的假由（牙）交出咯（来）！"
咦，这是怎么回事？
麻姑奶奶施了法术，
变出九位一模一样的假麻姑奶奶。
这下山神大人有些摸不着头脑了。

"不就拿了你一个破假牙嘛，啰啰唆唆的，吵死了！
如果你能找到真正的我，我就把假牙还给你。"
十位麻姑奶奶异口同声地说。
"真是个喜欢恶作剧的老太婆！"
山神大人仔细地打量着十位麻姑奶奶。
"真的麻姑奶奶和假的麻姑奶奶肯定
有什么地方不一样……"
过了一会儿，山神大人一拍膝盖，
恍然大悟地说，
"找到了！好一个狡猾的老太婆！"

仔细观察图片，和山神大人一起找出真正的麻姑奶奶。如果没有找到，让孩子在吐舌头的老奶奶中再仔细找一找。真正的麻姑奶奶只插了一根发簪。

31

真正的麻姑奶奶只插了一根发簪。

"快把我的假由（牙）还给我！"

"就一副假牙，干吗那么小气？！

咱们两个都没有牙，换着戴多好啊！"

"假牙怎么能一起用啊？"

"一起用怎么啦？"

两个人就这样，你一言我一语，吵个没完。

你们猜，最后山神大人和麻姑奶奶有没有

共用一副假牙呢？

卡片找一找

妖怪们在玩卡片游戏。
你能找出所有动物卡片吗？
不是动物的卡片有几张？

找出所有的动物卡片，贴在黑板上。
再找出其中没有翅膀的动物，
用蓝色的笔圈出来，
然后说出它们的名字。

在没有翅膀的动物中，
再找出生活在海里的动物，
用红色的笔圈出来，
然后说出它们的名字。

鲸鱼既没有翅膀，也没有腿。
在四条腿的动物中找出长着犄角的动物，
并说出它的名字。
在有翅膀的动物中找出体型最大的动物，
并说出它的名字。

建立集合

了解整体与部分的关系

本书通过讲述山神大人寻找偷假牙的小偷的故事，让孩子学习整体与部分的关系，同时也培养孩子找出满足多个条件的事物的能力，比如寻找"有两条腿，穿着蓝色条纹衣服，留着绿色卷发的三角妖怪"。

当然，一眼找到满足多个条件的目标不太现实，我们需要逐一去分析每个条件，寻找出满足所有条件的目标。可以像故事中那样，先建立条件为"有两条腿"的集合，再在其中继续建立条件为"穿着蓝色条纹衣服"的集合……以此类推，集合的范围逐渐缩小，最终找到满足所有条件的目标。警察抓犯人的时候或许也是这样做的吧？

在整体集合中建立满足特定条件的集合，然后在这个集合中进一步建立更小的集合……像这样包含在集合中的更小集合，我们称之为"子集"。寻找层层集合中的子集，一开始可能会花费较长的时间。但是如果经常进行寻找子集的游戏，孩子就能逐渐拥有同时筛选多个条件的能力。

成年人在整体中选取其中一部分时，会自然地想到剩余的部分。比如，说到孩子的聚会时，想到"男孩的聚会"，自然就会想到"女孩的聚会"。再比如，当我们把各式各样的扣子放到一起时，想到"圆形的扣子"，自然就会想到"不是圆形的扣子"。

　　但是对于孩子来说，联想到剩余部分并不是一件容易的事情，需要反复练习。在和孩子一起阅读这本书时，请给他们充分的时间去观察那些不能满足条件的事物。比如，如果条件是"长着犄角，并且穿着蓝色条纹的衣服"，也要找出不属于这个集合的妖怪，告诉孩子"他虽然长着犄角，但是并没有穿着蓝色条纹的衣服，而是穿了红色条纹的衣服"。

数学小游戏

准备水果和蔬菜，或剪下杂志上带有水果和蔬菜的图片。之后按照下面的顺序筛选出符合条件的目标。

例：黄瓜，柿子，梨，苹果，胡萝卜，橘子，葡萄。

1. 选出水果。

2. 选出有核的水果，它们是好朋友。

3. 在其中找出颜色为黄色的水果。你找到了哪些呢？

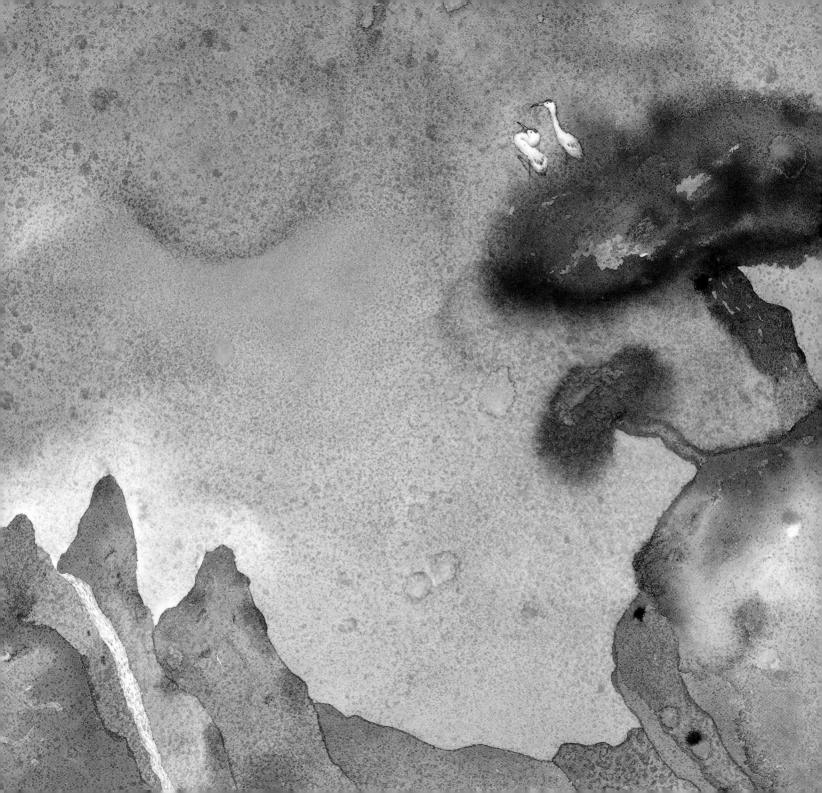